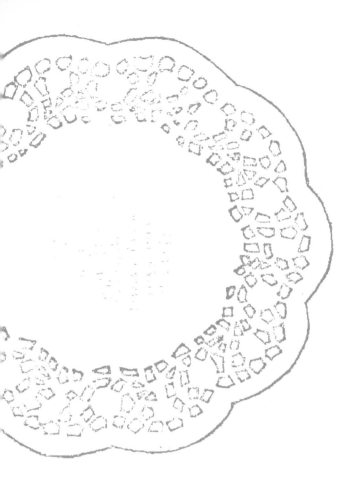

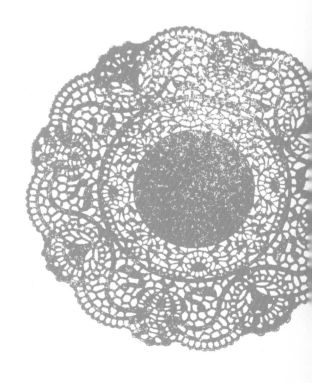

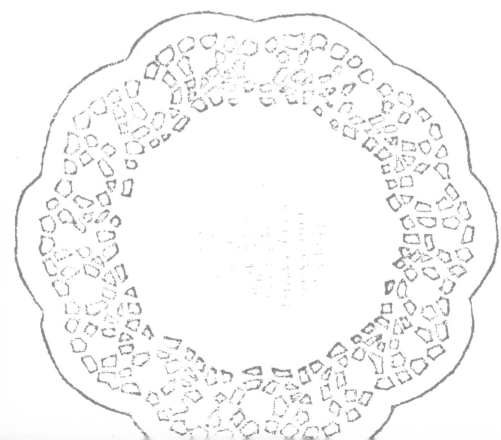

不藏私の {手作包} 技法大全

版型超圖解1000張
製作撇步大公開

目錄

Part 1 自己動手畫版型

Part 2 打造專屬手作包

目錄

Part 3 個性化加分技法

Part 4 最想擁有的超人氣包款×10

目錄

附錄 手縫技巧&縫紉機使用詳解

使用縫紉機常見的疑難雜症

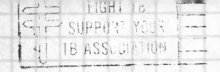

序

獻給一路上關注著阿布豆的大家…

不算短的手作生涯中，總是秉持真心地希望，讓每一個人能打破對傳統拼布繁瑣的刻板印象，輕鬆愛上沒有壓力，可以隨心所欲的輕縫紉。因此多年來的教學，都是以簡易機縫為主、手縫為輔。

許多台北以外的朋友，桃園、新竹、台中…，甚至有香港遊客來台旅客，特地抽一天來上個一日研習；亦或遠從國外回來而把握短短2個月的時間密集上課的學員～一路上的感動，讓阿布豆工作室草創初期，雖然辛苦卻不孤單！於是，我們思考著，一定要將我們上課的好內容出成一本書，分享給真的沒辦法過來上課的大家！

這是一本集結個人多年以來多本著作中的精華，以縫紉常用的基本功和三大基礎版型為主，為自己設計想要的包款作為延伸變化，再以其他多種變化技法讓手作包更為加分。

我想，對於已經上了課的學生，這也是一本整理得很棒的筆記…

當然，我不愛説俗話，但這難得的機會還是要説些很內心的俗話…若非各位手作同好的支持，我無法這麼多產；若不是家人一路默默相挺，我無法如此幸福！感謝晏慈、美綺、佳倩多年來的從旁協助，小小工作室，幸福手作團隊是因為有了大家團結的力量才能夠有今天的小小亮點，我真的很愛您們。
還有，不論是認識的還是不認識的朋友，謝謝您們！

布料的迷人之處，只有親手做才能感受到幸福的溫度～
一股愛手作的熱情和成就感就從此時此刻開始吧！

作者　

每當完成一個包就可以開心很久，關於手作這方面我陸陸續續地學了很多，有串珠、毛線編織、中國結…等，每一個都是會做但不是很精。

約在三年前，因緣際會下認識小靜老師，又在很偶然的機會可以跟著小靜老師學習，看著小靜老師一路走來的辛苦和努力，實在讓我很佩服，而跟著她我也學到了很多，衷心地想說一聲：「小靜老師謝謝您！」

在幾個月前知道可以參與這本書的製作，心裡很開心但也忐忑不安，就怕做不好，所幸在小靜老師的教導下，經過一次又一次的開會討論和拍攝，再加上幫忙寫稿和校稿，終於完成了這本集結手作包精髓的技法全書！其中，內容最吸引我的是版型的變化，再加上一些技巧就可以讓手作包更有特色呢！

希望各位愛好手作的朋友們都會喜歡。

製作協力　

Part 1

自己動手畫版型

想做出專屬自己的手作包其實並不難！只要你學
會繪製版型的方法，就可以變化出各種想要的包
款。現在，就先從認識布料和布襯開始，接著學
習繪製版型的技巧吧！

認識布料

布料要怎麼選?這裡告訴你布料的特性和選購小撇步,動手做包前先選好喜歡的布料吧!

布的幅寬

是依據不同紡織機所製造出來的寬度來決定布的大小,也是指布邊到另一個布邊的寬度(出廠時就已固定尺寸);長度就可依個人所需要的尺寸來購買。

(日本布幅寬多為90~110公分;台布則為150cm)

布的單位

布料的長度計算單位有公分、尺、碼、米。30公分= 1尺、3尺=1碼、1米=100公分。每個地方的布行都會有各自販售的單位用法,只要熟記計算單位,買布時會比較方便。

何謂零碼布

零碼布照字義看就是零碎尺碼的布料,已經剩很少的量,在店家是沒辦法有多餘的數量在做大量的販售。在家裡裁剪作品時剩下的布料也稱為零碼布。

如何判斷直布、橫布、斜布

布料是有方向的,只要用雙手拉一拉就可以感覺出來。

直布

直布在拉時,較沒彈性(★一般直布方向和布邊平行。)。

橫布

橫布會比直布的彈性大一點。

斜布

斜布的彈性是最大的。

布料裁量配置

當決定好要做哪一件作品時，一定都是先以大尺寸的布料來作裁剪，再由大到小的順序來完成裁剪，可避免布料耗損。除此之外，在裁剪布料的時候，也要看用在哪兒來判斷方向。

例如：

A 主體布：布包主體要直布裁，否則負重後越提布料越鬆。

B 提把布：提把布要直布裁，否則提重物後越提提把拉越長。

C 斜布條：斜布條（包邊布）則需要彈性包覆，所以需做45°的斜布裁。

D 口袋布：口袋布同主體布，都要負重，所以也是直布裁。

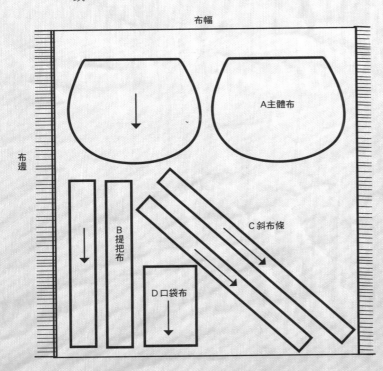

布料材質比較

常用的布料特性你了解嗎？在買布前不妨先了解一下各種布料的材質特性吧～

名　稱	特　性
棉布	100%純棉材質，是先將布料織好，再將圖案印製在布上，所以圖案都是只有一面可以使用，布的質感較薄，但是在花色上會有很多的選擇。
棉麻布	棉麻布是棉和麻混紡合成，在製作過程時會因為棉和麻的比例不同，讓布料的觸感不同。
先染布	先染布是先將棉線染好顏色，再用不同顏色的線織成布，大部分的先染布都可以兩面使用，仔細看時還是可以分出正反面。
麻布	麻布有良好的吸濕、散濕和透氣功能，觸感粗獷，但是容易縮水起皺，在製作前最好先下水縮過比較好。建議也可燙上布襯避免鬚邊。
帆布	市售的帆布依加工性質不同，較常使用的有一般帆布、防潑水帆布和石蠟帆布三大類；帆布的厚薄通常以號數來區分，台製帆布號數越大越厚；日製帆布的號數越大卻越薄。
棉紗布	棉紗布是棉和紗混織合成，質感舒適柔軟輕薄，常被運用在嬰兒服飾或手帕縫製上。
斜紋布	斜紋布的織線較棉布粗，布紋明顯且看得出是斜紋組織，質感較粗獷。製作布包邊時可直裁出斜布條使用，不須再對角度裁剪。（斜紋布一般多用在服裝裁製上。）
皮革布	市面上大多都是合成皮，很多都可以處理到像真皮般的質感，但是要小心縫製，因為縫錯了是會留下針孔的。
防水布	防水布是將布料表面進行加工處理，可分為亮面和霧面兩種，優點是防水，缺點是不能接觸高溫，也是要小心縫製，因為縫錯了是會留下針孔的！（注意：車縫皮革布和防水布時需要皮革壓布腳再搭配矽力康潤滑筆一起使用會比較好車縫。）

常見配色法則

手作包的一大樂趣就是配色了！如果一開始對於配色沒有把握，那麼你不妨謹記以下的三種不敗配色法則，練習配出好看的手作包百變色彩～

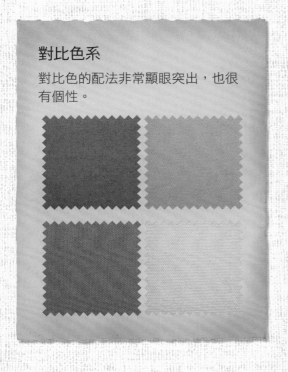

對比色系

對比色的配法非常顯眼突出，也很有個性。

相同色系

利用深淺不同的相同色系配色法，不易出錯且色彩協調。

選取布面色

如果選用了一塊繽紛的花布，只要挑選花布上有出現的顏色來做搭配，就能取得色彩的平衡了。

布襯用途

布襯的背面亮亮的，有顆粒，有黏膠，摸起來比較粗糙，將有膠面對布料的背面放好後再用熨斗加熱即可黏著。

POINT

布襯的作用

布襯是為了讓薄布料較厚或較堅挺，或者避免棉麻或紗布容易變形鬚邊，即可以視情況加上布襯。布襯有分多種材質和厚度，裁剪時會比表布小0.7cm（縫份），一般做袋物常使用的有厚布襯、薄布襯、鋪棉，可依需求來作選擇。

POINT

燙布襯的訣竅

在熨燙布襯時，會有溫度、壓力和時間三個條件：

1. 溫度過高會使黏膠溶化過度而造成不黏；溫度不夠是會讓黏膠不夠充分溶化而造成不夠黏。
2. 熨斗下壓力和時間不足都不能將布襯成功地黏在布料上。

POINT

熨斗沾到膠該怎麼辦？

1.打開熨斗待金屬面熱燙後噴水。　　2.取不要的棉布把金屬面拭淨即可。　　3.也能使用市售熨斗清潔劑，塗抹在熱燙的金屬面上再拭淨即可。

Q 何時該用襯？該用什麼襯？一層襯還是二層襯？

A：沒有絕對的標準答案，首先要看布料的厚薄度，再來只有「軟包」還是「硬包」的差別；端視設計者想要呈現作品的「風格」，還是使用者的「習慣」。

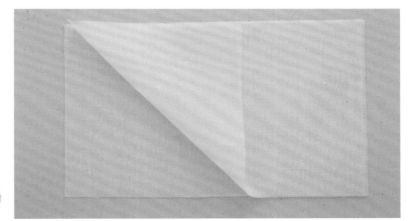

薄布襯燙法

1.將薄布襯的膠面對布的背面置中放好。

2.因薄布襯較薄，直接用熨斗燙會使膠溢出而讓熨斗髒掉，所以需先隔墊一張白紙。

3.開始熨燙時，先從中間壓燙定位。

4.再往右約半個熨斗的距離壓燙，一直重覆以上動作直到整個布襯熨燙完成。

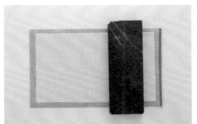

5.剛熨燙好布襯時，因為膠未固定好所以先不要移動，要等布冷卻後才可以移動，也可以使用大理石紙鎮來加速冷卻。

▍POINT
不小心把線頭燙進去的補救法

線頭→

如果熨燙好布襯後卻發現不小心將線頭燙進去該怎麼辦？

1.先將白紙放好，用熨斗將有線頭的部份加熱熨燙。

2.熨燙過後即可以很輕鬆地將布襯撕開，就可將線頭拿出來了。

3.再將布襯燙好後用大理石紙鎮冷卻。

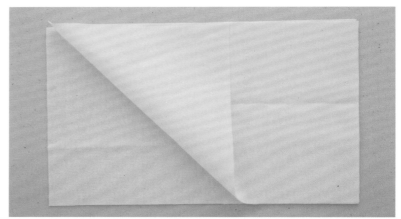

厚布襯燙法

1.將厚布襯的膠面對準布的背面置中放好，熨燙時先從中間壓燙，依序往旁邊約半個熨斗的距離壓燙到整塊布完成，記得使用大理石紙鎮來加速冷卻。

2.如需一次燙兩塊厚布襯時，先剪一塊比表布少約1cm的厚布襯燙好，再將另一塊少約0.7cm的厚布襯重疊上去。

3.在布襯上噴點水，熨燙時可讓布與布襯間的空氣排出。

4.疊好後將布襯熨燙貼合。

5.下方的厚布襯比上方厚布襯再小一點點，除可讓兩片布襯貼合外，也可避免兩片厚布襯太厚妨礙車縫。

6.兩塊厚布襯燙好，完成如圖示。

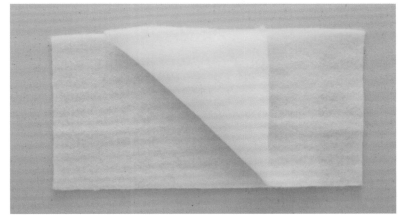

鋪棉燙法

1.先將要燙上鋪棉的布料用熨斗加熱。

2.再將鋪棉的膠面對準布的背面置中放好,並用手壓一壓,可暫時讓鋪棉固定在布上。

3.如圖抓住兩個角翻至正面。

4.也可以如圖用珠針固定再翻至正面。

5.熨燙時先從中間壓燙,依序往旁邊約半個熨斗的距離壓燙到整塊布完成。

6.使用大理石紙鎮來加速冷卻即可。

PS.鋪棉有單膠、雙膠、無膠鋪棉,手作包使用以單膠鋪棉為主。本書內鋪棉皆使用單膠鋪棉。

POINT
車縫鋪棉的小撇步

為了方便車縫,可以用熨斗直接熨燙鋪棉的邊邊。

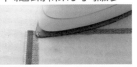

邊邊燙好後會比較扁,車縫時比較方便。

Q 為什麼鋪棉不能一開始就直接從鋪棉上熨燙呢?

A:因為如果直接在鋪棉上熨燙,燙過的地方會變扁,就失去鋪棉的用意了。

NG!

超好用！燙板DIY

手作包使用的布料熨燙範圍較大，市售燙板不是太短就是太窄，其實你也能自己做燙板喔！材料費不貴又簡單，現在就來看看老師分享的簡易燙板DIY～

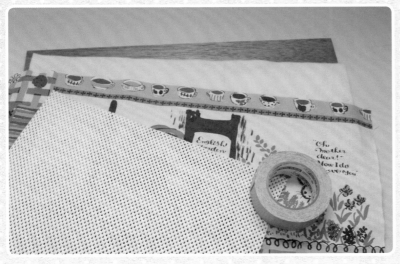

材料 木板、棉布、鋪棉、止滑墊、布用膠帶

（木板可到木材行或美術社購買。）

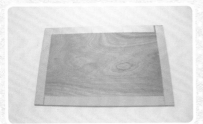

1.將布用膠帶黏貼於木板四邊。

2.將布用膠帶撕開後，鋪棉對齊黏貼在木板上方。

3.將布料置中於鋪棉上方。

4.翻至背面後四邊黏貼布用膠帶，並將一邊布料向內黏貼。

5.如圖於右上方一邊將布料剪下等腰三角型。

6.將右方另一邊布料向內黏貼。

7.將另外兩邊分別重複作法5～6完成收邊。

8.再將四邊黏貼布用膠帶固定，如圖所示。

9.布用膠帶撕開後，將止滑墊對齊黏貼於上方，即完成。

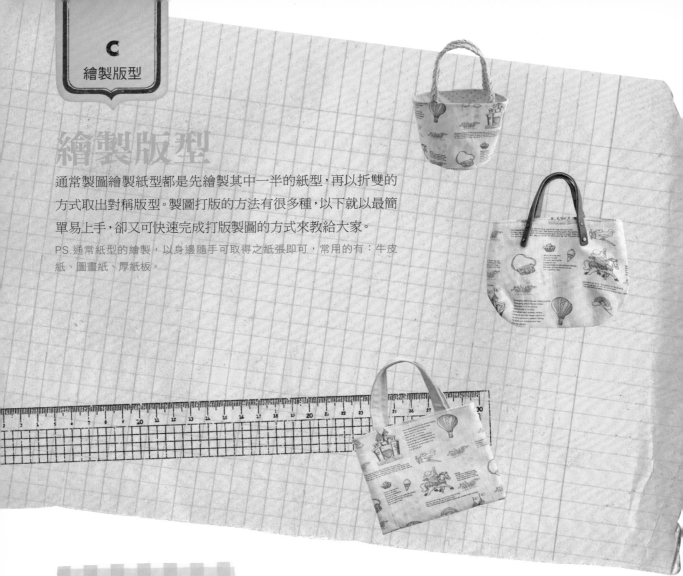

繪製版型

通常製圖繪製紙型都是先繪製其中一半的紙型，再以折雙的
方式取出對稱版型。製圖打版的方法有很多種，以下就以最簡
單易上手，卻又可快速完成打版製圖的方式來教給大家。

PS.通常紙型的繪製，以身邊隨手可取得之紙張即可，常用的有：牛皮
紙、圖畫紙、厚紙板。

方扁包

1.針對要放在包裡的最大物品作為丈量尺
寸的一個依據（W）寬度→28cm×↓（H）
19.7cm，（D）厚度0.8cm。

2.則所畫的紙型一定得大於丈量尺寸再加
上基本鬆份。

公式：W＋（1/2D）＋（鬆份）2×↓H＋2
（單位cm）

套入數字可得→28＋（1/2×0.8）＋鬆份
2×↓19.7＋2，即→30.4cm×↓21.7cm，可
以直接取整數→31cm×↓22cm，並於紙上
畫出→31×↓22cm的矩形即可。

弧形扁包

1. 同扁包先畫出矩形並找出中心點,利用曲線板不同的彎度弧形繪製。

2. 也可以使用曲線尺先彎成自己想要的彎度後繪製。

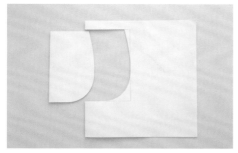

3. 從中心點對折,以美工刀將紙型裁下(參考P26【橢圓形】紙型裁法,先劃開重疊的頭尾邊線,避免彎曲誤差)即完成。

畫弧形的便利工具

畫彎度弧型的工具並無侷限,常用的有曲線板、火腿尺、雲尺、曲線尺、型版或是家中可以隨手取得的杯子、鍋子…等,都是製圖的好幫手。不同工具畫出的弧度也不同。

圓形物品這樣畫
1.將物品的圓邊貼著紙型的二個邊。

袖丸這樣畫
1.將袖丸上的記號線貼齊紙型的二個邊。

橢圓形

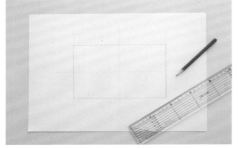

1.同扁包先畫出矩形，如圖找出中心點。

2.在任一1/4區內畫出弧形。

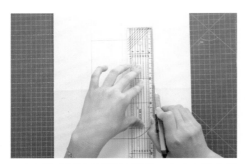

3.如圖先以裁尺輔助美工刀，在中心點位置先裁出一小段直線，四個中心點都要裁。

4.將紙型由中心點對折，以美工刀將紙型裁下。

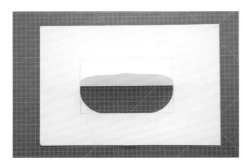

5.打開再由另一個中心點對折，沿著裁好的紙型裁出另一半。

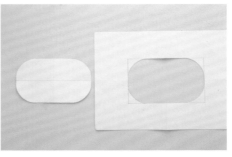

6.裁好的橢圓形完成如圖示。

正圓形

1. 可以用圓規畫出正圓形。

2. 裁下或剪下（參考P26【橢圓形】紙型裁法，先劃開重疊的頭尾邊線，避免彎曲誤差）即可。

POINT

測量圓周長的方式有二：

1. 直徑×3.14×0.98

2. 同P27【加側邊】測量方式。將正圓紙型對折再對折（即1/4紙型），測得1/4圓長度×4×0.98即可得圓周長。

加側邊

裁出主體後若想將手作包加上側邊厚度，就要先計算總長度。方扁包的計算只要使用尺就能測得，而有弧度的包款就需要一點小技巧才能測得。

長度計算有很多種方式，可利用曲線尺、棉繩、麻繩、布尺等素材測量。

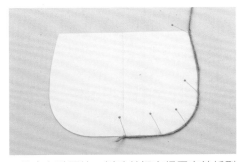

1. 從中心點開始，以珠針把麻繩固定於紙型內的外圍，測量一半的長度。

2. 用筆與紙型一起作出記號（此即合位點）後取下，可得1/2側片長度。

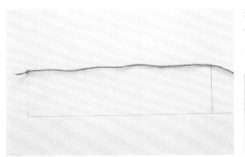

3. 再依照1/2側片長度繪製出側片紙型：→1/2長×↓D（側身的寬度），並以麻繩上的記號一起標上合位點即可。

POINT

合位點用意

合位點可以幫助側片和主體車縫時的對位，在固定側片和主體的時候，利用合位點可以避免組合歪斜。

COLUMN

膠板好好用！

當紙型製作完畢後，如果只是一次的使用，則可直接畫在布上，但若這個作品會做上好幾個，則建議將正確的紙型繪製於膠板上，除可永久保存、較易繪製於布上外，膠板也不會變形。除了把自己畫好的紙型描到膠板上之外，以下傳授你常見的膠板用法。

複製電子檔紙型

網路上常有的分享紙型該如何複製到膠板上使用呢？其實，只要利用透明貼紙和印表機就可以囉。

1.搭配（防水）透明貼紙將紙型列印出來。

2.撕開一角逐步黏貼固定於透明膠板上。

3.一邊撕開一邊貼，並注意要將空氣推出。

4.如有氣泡可以針刺破後再以指腹推平。

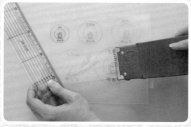

5.若使用的透明貼紙為非防水貼紙，可運用膠帶作為保護。

6.使用膠板專用剪剪下膠板即可。

|POINT|

膠板也有專用剪刀！

膠板專用剪有短刃長柄的省力設計，刀的金屬材質也不同，使用上省力外也不易耗損。雖然膠板也能用一般剪刀剪裁，但是相較之下會比較吃力，刀刃也易耗損。

複製書中紙型

買書的時候常常附贈紙型，但是到底要怎麼把它複製下來最方便呢？快點把老師的作法學下來吧！

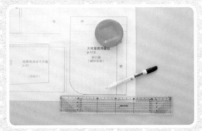

1.將透明膠板放置於紙型上，以奇異筆將所有的記號描繪出來。

2.再使用膠板專用剪將膠板剪下。

POINT

壓上重物再畫！

描畫版型的時候，要避免膠板滑動。擺上膠板的時候，可以壓上手邊的磁性針座或大理石，或者其他重物，以免膠板滑動而畫歪。

該如何畫在布上呢？

膠板上若為實際的尺寸，畫在布料上需要另加縫份，此時可運用縫份圈（奇異輪）快速地畫出含縫份的記號線。

1.將膠板紙型放置於布料上。

2.先畫出折雙的中心線。

3.將筆放入橘色縫份圈（即0.7cm）中心的洞口，並如圖卡住膠板沿著邊緣畫出一半的紙型。

4.畫好一半後將膠板翻至另一半邊的布料上（★膠板折雙處是在布上的中心處喔！）。

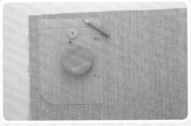

5.同作法3畫出另一半含縫份的紙型即可。

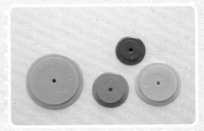

PS 縫份圈（奇異輪）一組有四個，各為3、5、7、10mm的縫份規格，手作包常用的為7mm和10mm。

縫份是什麼？

手作書中常出現「縫份」這個名詞，到底縫份是什麼意思？作用又在哪
兒呢？趕快看看以下的說明吧～

何謂縫份

縫份就是在成品尺寸外，需要多裁的布料邊
緣。一般書中印製的版型如果沒有特別標明，
多半是成品尺寸大小，所以要自己再往外放大
預留縫份。正確的縫份很重要，如果沒有裁到
縫份，做出來的包包就會比想要的尺寸小。

通用縫份0.7cm

縫份是為了防止布料鬚邊、脫線，講究的人也
會把布邊先拷克。通常機縫時，抓的縫份為0.7
cm。也能視情況調整縫份，例如：如果包包很
大，把縫份抓1cm可以避免包包負重撐開安全縫
份，但一定記得要統一把所有裁布尺寸一起增
加。縫份也不能抓太多，否則車縫後成品會有
明顯的厚度高低差，造成包包不美觀。

襯不要加縫份

有了版型後，除了組合袋身的表布和裡布需要
多加縫份外，燙在布料上的襯類都不需要縫
份，因為如果襯類有縫份，超過車縫線的多餘
布襯反而會讓車合處有凸起。所以在裁剪不管
薄布襯、厚布襯或鋪棉，都只要裁成品大小就
可以了。
（特別例外的情況是：布料太薄影響車縫，
此時可先燙一層全襯，再燙一層不含縫份的
襯。）

縫份怎麼畫

縫份該怎麼畫呢？只要使用尺上有不同公分數
平行線的縫份尺，就能畫出所需的縫份。

直線畫法

1. 只要是直線組合而成的版型，都僅需縫份尺就能輕鬆畫出縫份，這裡就以長方形來示範。

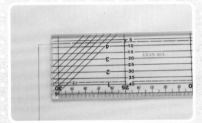

2. 選擇縫份尺上想要的縫份尺寸，將版型邊緣對準縫份尺上的平行線畫線。

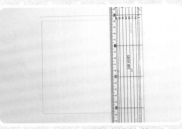

3. 一一完成每一面的縫份線條。

4. 畫好依縫份線條裁剪布料即可。

弧線畫法

1. 非直線組合而成的版型，也能用縫份尺畫出縫份，這裡就以弧型包來示範。

2. 選擇縫份尺上想要的縫份尺寸，將版型邊緣對準縫份尺上的平行線。

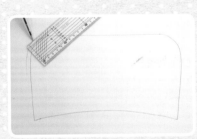

3. 沿著弧形版型邊緣，點對點邊畫邊移動縫份尺。

4. 畫好依縫份線條裁剪布料即可。

▌POINT
奇異輪好好用

最方便的畫縫份工具就是奇異輪（縫份圈），只是版型需為紙板或膠板等能讓奇異輪靠著邊緣滑動，把筆芯插入中心點孔洞，就能快速地畫出正確的縫份，而且畫不規則的版型最好用囉。

常用的裁布輔助工具

製作手作包時，裁布也是一項耗時的工程，若在此時裁剪的布料有誤差太大，車縫出來的手作包就會功虧一簣了。以下介紹常用的裁布工具與裁直布的技巧。

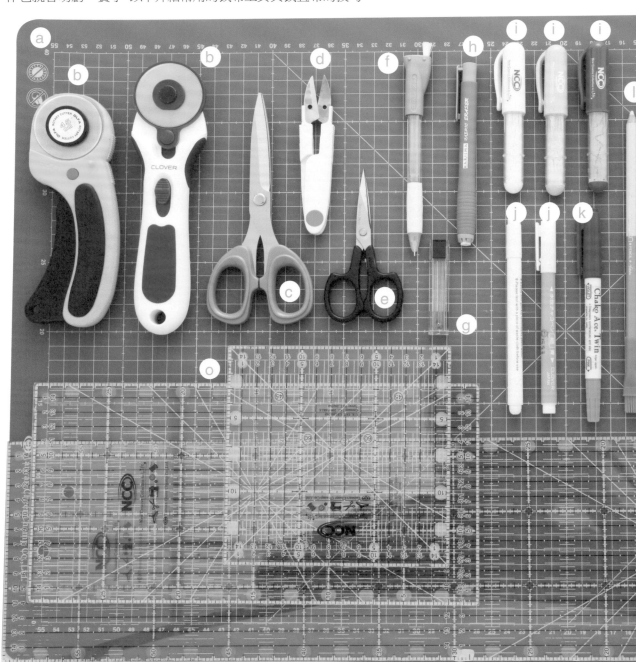

a拼布裁布墊：
常見尺寸有30cm×45cm、60cm×45cm及90cm×60cm三種，可搭配裁刀、裁尺一起使用，就不怕傷到桌面。裁墊上有格紋設計，一面是公分，方便裁剪和畫線時使用。

b裁刀：
不管是大面積或是小面積的裁布搭配裁刀和裁墊都很方便。圖中兩款裁刀都可把刀片換邊，轉換成左手或是右手使用。

c防布逃布剪：
刀口有細齒可以固定裁剪的布料，同時避免布料滑動。

d線剪：
專用在剪線和線頭，短柄的設計方便手握。

e小型剪刀：
小巧好拿，適合剪線頭，也可用於剪牙口和細微的修剪。

f布用自動鉛筆：
適合畫在布料上，可更換筆芯顏色，使用專用橡皮擦可方便擦去記號線。

g布用自動鉛筆蕊：
有多種顏色可挑選，適用布用自動鉛筆。

h筆式橡皮擦：
可輕鬆擦掉布用自動鉛筆畫出的記號線。

i粉式記號筆：
筆式造型輕鬆好握，筆頭為齒輪狀，輕輕滑動即可畫出細緻線條，筆端較薄的設計，易於看到所畫的線。

j水消筆：
水消筆只要靠水就能消去記號線，很適合需要馬上消去記號線時使用。

k消失筆：
消失筆畫的記號線曝露在空氣中即會慢慢消失。

l粉土筆：
畫布料專用的記號筆之一。

m鋸齒剪刀：
除了可剪牙口外，也可用來修布邊，會讓布料比較不鬚邊。

n布剪：
剪布專用剪刀，要避免碰撞和摔落地面，也不要剪其他物品，耐用度才會比較持久。

o裁尺：
常見尺寸有15cm×15cm、15cm×30cm及15cm×60cm三種，有各種尺寸可隨布的大小來選擇使用。厚度比一般尺高，所以適合搭配裁刀和裁墊一起使用。

直布裁法

一般有弧度的版型可以直接用布剪裁下；若要裁直線，則可用裁墊＋裁刀＋裁尺裁切布塊，速度快又筆直。以下以小裁墊來示範，讓你學會所需布塊比裁墊長的裁法。

小裁墊的使用技巧

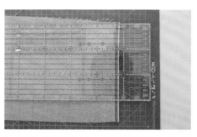

1.因為某些布料材質遇水會縮，所以在製作前最好是先下水洗過整燙。如果有時來不及下水洗過時，也可以先在布料上噴水後再整燙。

2.將需裁布料的布邊與裁墊上的記號線對齊，再將裁尺放置在布上，同時要對齊裁墊上的記號線。

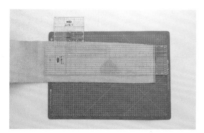

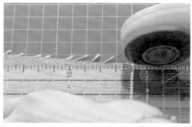

3.如所需布料比裁尺長，可以運用另一支裁尺作輔助使用，如圖示。

4.左手將裁尺壓緊，將裁刀貼緊裁尺從圖示的位置開始往前推裁布料。

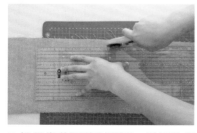

5.記得當裁刀裁到哪裡，手壓位置也要跟到哪裡，否則容易裁歪。

6.裁齊一側後，裁剪出所需長度，再裁齊另一側即可。

POINT
裁刀的正確拿法

裁刀的正確拿法，要微微往上抬約45°，並從布邊貼著裁尺一鼓作氣地往前推。力道要一次裁好，否則就要從頭再往前推裁一次，不要由後往回滾，否則更容易鬚邊。

OK

正確的裁刀拿法

NG

錯誤的裁刀拿法

POINT
快速的摺疊裁法

當要裁的布比裁墊長時，還可用對折的方式裁布，但是一定要跟著裁墊的記號線對齊裁切，並且注意要將布料整理好，否則容易發生整塊布裁歪的失誤。

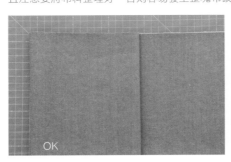

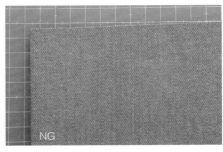

Q 為什麼用剪刀剪布容易歪斜？

A：手的穩定性容易影響裁布角度，建議可將布放在桌面上，剪刀貼著桌面沿著記號線將布剪下才不會歪斜，如果是拿在半空中剪布是比較會歪斜的。

Part 2
打造專屬手作包

學會繪製包款版型後，把同一塊版型加上不同組合技法的變化，例如：打褶、抓皺、加底…，這份版型就能組合出不同造型的手作包款了！再加上提把、口袋、拉鍊、滾邊、出芽或者五金配件的輔助，自己也能組合出變化無窮的專屬手作包，再也不需要花錢買市售版型啦！

好用的輔助工具

裁好的手作包布料,在組合的時候善加利用一些能讓過程事半功倍的工具,就能讓組合布包的流程更順暢、省時,車縫出來的布包也會更細緻美觀。

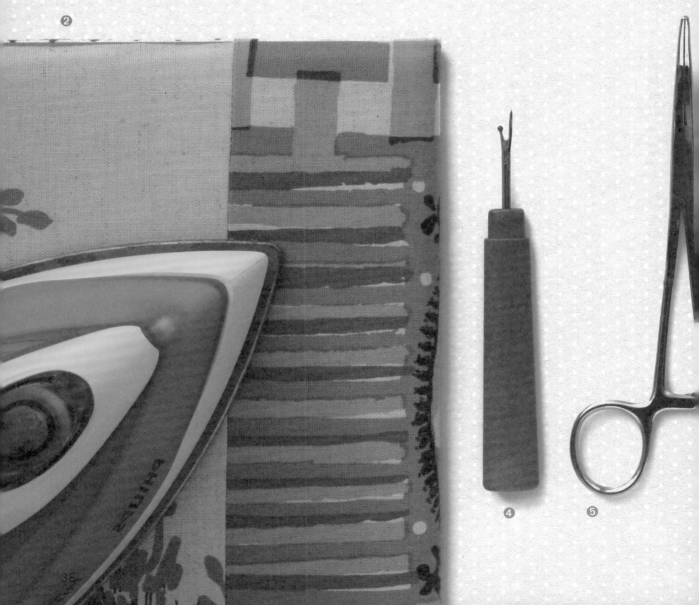

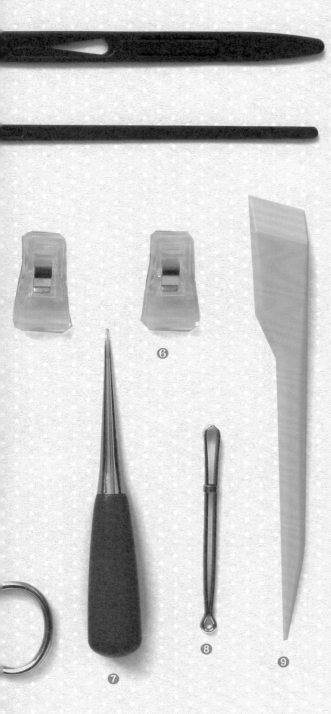

❶珠針

此珠針為可車縫的0.5mm極細針（非一般文具店的珠針。），可暫時固定布片，取下後不易留下孔洞，建議用在薄布上。

❷燙板

燙板用於整燙布料時使用，可避免熨斗燙壞桌面。

❸返帶器

返帶器中間空隙可按壓夾住布邊輕鬆將布條翻面；也可夾住繩子或鬆緊帶當穿帶器。

❹拆線器

拆線器是修改時最佳利器，能保護端點，且開釦眼、拆線都不易刺傷布料。

❺返裡鉗

返裡鉗可用來將袋物翻面，夾住布端就很容易將物品翻面並且不傷害布料。

❻強力夾

強力夾和珠針功用相同，但更適用於多層、厚布或組合袋物時使用。

❼錐子

錐子可用來穿洞、挑邊角，也是輔助車縫時很好的幫手。

❽穿帶器

穿袋器尾端可夾住鬆緊帶或繩子，再推緊固定環，穿入作品內放鬆固定環即可。是穿繩子和鬆緊帶超級好用的小工具！

❾骨筆

在熨燙面積過小或不便使用熨斗的情況下，可利用骨筆可以方便摺好布邊或是轉折處。

A-1
方型扁包

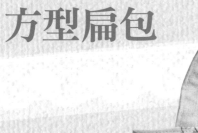
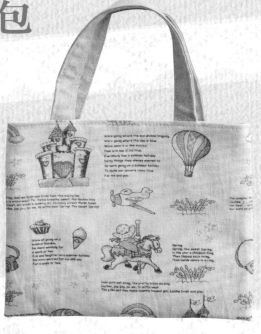

【公式】H×W×2片 or （H×2）×W×1片

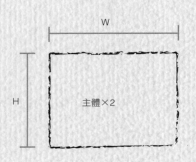

W

H

主體×2

POINT

方型的扁包以兩片布組成，是最簡
單基礎的袋型。這裡也一併帶入布
包組合的概念技法，可套用在所有
包款組合中。

1.裁好所需布料，如圖示。

2.表布正面相對，用珠針固定左、
右兩側和下方，共三邊。

3.如圖示車縫∪型固定。

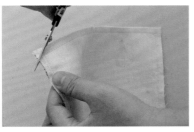

4. 剪掉底部兩個約呈45°的角（★此即牙口，剪去餘布可讓底部翻出好看的角度）。

5. 將表布袋身的縫份燙開（★燙開縫份可讓表布和裡布袋身均勻接合，不會有一邊厚一邊薄的狀況）。

6. 裡布依作法2～5完成袋身，但需在任一邊預留返口。

7. 將提把車縫固定於表布袋身正面。

8. 表布袋身翻至反面，裡布袋身翻至正面，將表、裡布袋身正面相對。

9. 如圖示用珠針把側邊車合線以點對點方式固定。

10. 車縫上方袋口一圈固定。

11. 從裡布返口翻回正面。

12. 將袋口整理好後以強力夾固定。

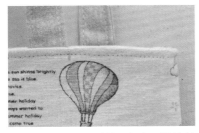

13. 袋口車縫一圈裝飾線（★裝飾線距離多小於0.7cm，亦可加強袋身的接合強度）。

14. 裡布袋身的返口整燙好。

15. 返口用對針縫縫好即完成。

A-2
方型外三角包

POINT

方型外三角包的袋型其實和方型袋底打角包相同,只是多了外露的三角造型;製作內袋則可用袋底打角方式製作。

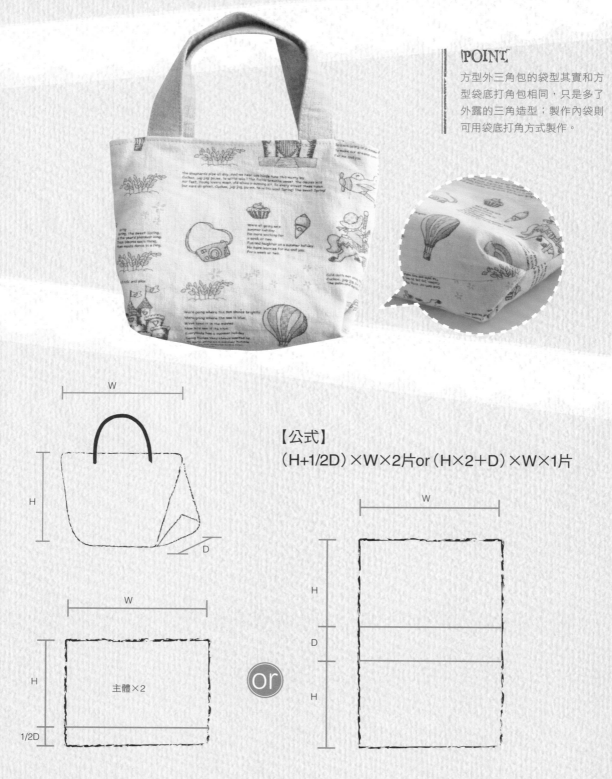

【公式】

（H+1/2D）×W×2片or（H×2+D）×W×1片

主體×2

1/2D

or

ℋOW TO MAKE

1.裁好所需布料，如圖示。

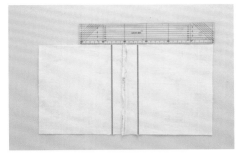

2.將兩片表布正相對，車縫底部一直線後打開，從中間點往左右各1/2D畫出記號線（★此記號線寬度與袋底大小有關）。

3.將畫好的山谷線摺起燙好。

4.以珠針固定後車縫兩邊。

5.翻至正面後側邊下方即呈現三角型。

6.裡布袋身依照P45（A-3袋底打角包）作法2～7縫合但須預留返口；再依照P40（A-1方型扁包）作法8～15方式組合車縫即完成。

A-3
方型袋底打角包

POINT

方型袋底打角包，
是基礎托特包的包
型，隨著尺寸設定
不同，車縫出來的
包型也會不一樣，
變化非常多喔。

【公式】(H+1/2D)×W×2片or(H×2+D)×W×1片

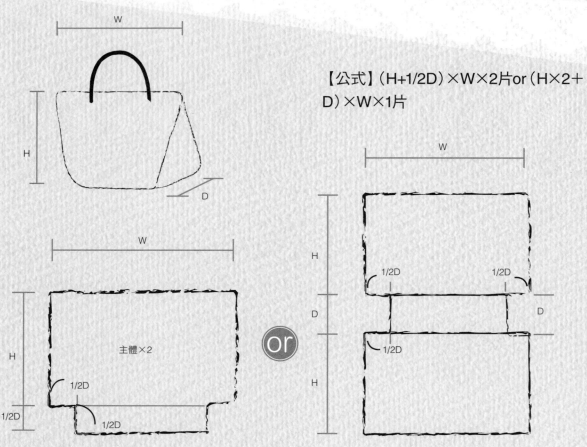

主體×2

or

HOW TO MAKE

1.裁好所需布料，如圖示。

2.將兩片布正面相對，車縫左、右兩側和下方。

3.如圖將袋底缺口對合。

4.將珠針從車合線穿過。

5.從另一片布的縫線穿過，這樣就能將中心點對齊。

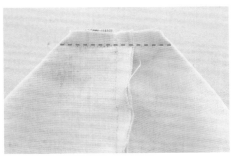

6.車縫固定。

7.完成表布袋身。

8.裡布袋身同作法2~7車縫但須預留返口，再依照P40（方型扁包）作法8～15方式組合車縫即完成。

A-3
方型袋底打角包－**變化篇**

POINT

方型袋底打角包不論是哪種裁布變化，組合作法都是一樣的。只要將表布先拼接成一長條後（如示意圖），再正面相對車縫左、右兩側，接著重複P45（A-3袋底打角包）作法完成包款即可。

底部換色

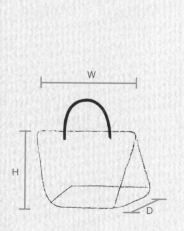

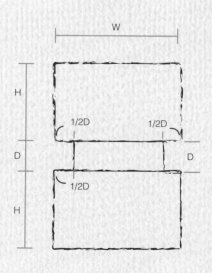

【公式】主體：H×W×2片、底部：D×（W－D）×1片

雙色拼接

POINT

拼接布塊的時候，要記得預留縫份！例如：成品大小H10cm×W5cm，想拼接比例為7：3，則須裁製H（7＋0.7）cm×W 5cm＋H（3＋0.7）cm×W5cm。亦可大致把縫份抓在同一塊布，裁成H（7＋1.5）cm×W 5cm＋H3cm×W 5cm。

【公式】H1×W×2片、（H2×2＋D）×W×1片

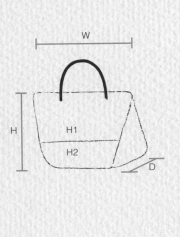

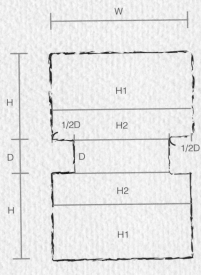

A-4
方型袋底打褶包

POINT

方型袋底打褶包，
在設定裁布尺寸的
時候，要先規劃好
打褶的大小，才能
計算出正確的裁布
尺寸。

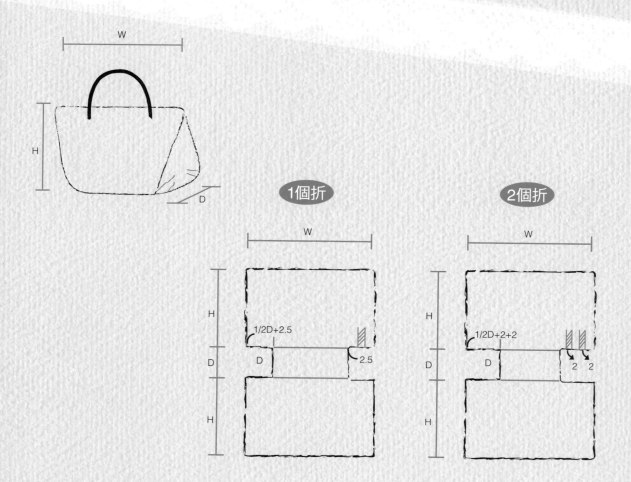

1個折

2個折

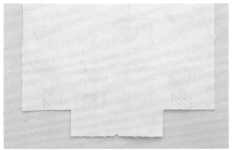

1. 如圖示先將打褶記號線畫好。

2. 將打褶記號線拉齊，重疊對摺好。

3. 摺好後先疏縫。

4. 兩邊都先摺好並疏縫固定。

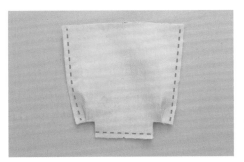

5. 將表布正面相對，左右兩側邊和底部車縫固定。

6. 如圖將側邊缺口對合車縫固定。

7. 裡布袋身同作法1～5車縫組合（須預留返口），再依照P40（方型扁包）作法8～15方式組合車縫即完成。

A-5

立體方型包

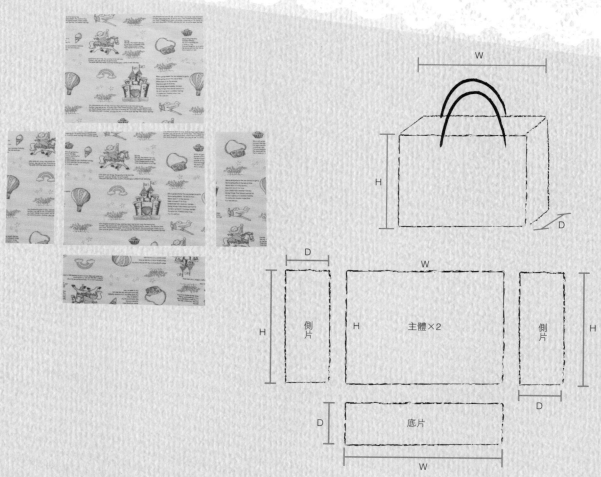

側片

主體×2

側片

底片

POINT

組合立體方型包的時候，先把0.7cm縫份交叉點畫出來，車縫組合後的方型角角才會好看。沒有抓止縫交叉點會有圖示的缺點喔。

HOW TO MAKE

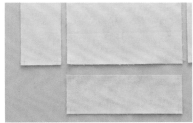

1. 如圖示在每片布料接合處畫出0.7cm縫份交叉記號。

2. 將兩邊側片和其中一片主體如圖用珠針固定。

3. 將兩邊個別車縫至下方0.7cm的記號點止。

4. 將左、右側片向上折45°，以強力夾暫時固定。

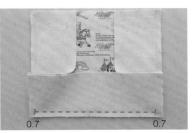

5. 將主體與底片正面相對，從0.7cm縫份交叉處車至另一邊的0.7cm縫份交叉處。

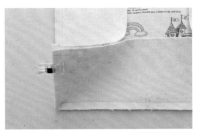

6. 將兩側片與底片，正面對正面用強力夾固定。

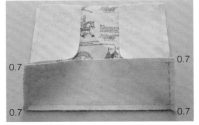

7. 將側片與底片正面相對，從0.7縫份交叉處車至另一邊的0.7cm縫份交叉處，再將另一片主體如上述作法組合完成。

8. 翻至正面後的表布袋身完成如圖示。

9. 裡布袋身同作法1～7組合並預留返口，再依照P40（方型扁包）作法8～15方式組合車縫即完成。

B-1
圓型立體包

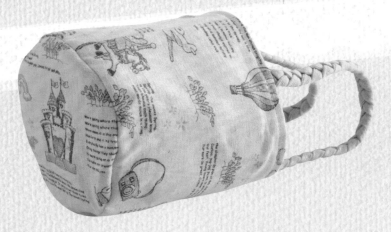

POINT

圓型和橢圓型立體包的組合方式一樣，要注意底片車縫後，在圓弧處要剪牙口，避免圓弧處的縫份擠在一起會凸凸的不好看。另外，在接合圓弧處的時候，要先把四個角固定再依序固定周圍，避免布料拉扯變形。

B-2
橢圓型立體包

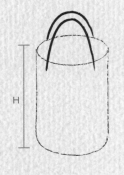

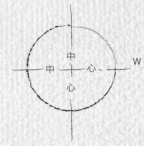

中

心

中心

W

折雙

主體×2

H

H

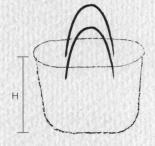

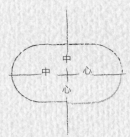

中

心

中心

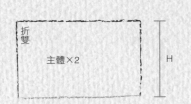

折雙

主體×2

H

H

HOW TO MAKE

1.將表布袋身正面相對，以珠針固定兩側邊並車縫。

2.如圖先將袋身和底片的四個角先用珠針固定。

3.用珠針固定底片一圈。

4.車縫一圈。

5.在弧度處剪牙口（★翻回正面的袋身才不會卡卡的）。

6.裡布袋身同作法1～5組合並於側片預留返口，再依照P40（方型扁包）作法8～15方式組合車縫即完成。

C-1
弧型扁包

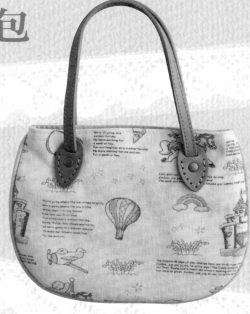

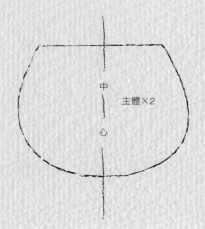

中
心

主體×2

POINT

弧型扁包在組合時，要注意弧度區塊縫份要剪牙口；固定表布的時候也可以先抓出表布的中心點，先用珠針固定好中心點再依序固定其他區域再車縫。如果沒有鋸齒剪刀，也能用一般剪刀剪線條，但不能剪到車線喔！

HOW TO MAKE

1. 將兩片表布正面相對，如圖用強力夾固定後車縫。

2. 有圓弧的地方可使用鋸齒剪刀剪牙口。

3. 裡布袋身同作法1~2並預留返口完成，再依照P40（方型扁包）作法8～15方式組合車縫即完成。

C-2
弧型抓皺包

折

中心

主體×2

Part 1 自己動手畫版型

Part 2 打造專屬手作包

Part 3 個性化加分技法

Part 4 最想擁有的超人氣包款×10

POINT

抓皺的時候，抓的寬度公分數可以依照包款的大小而定。包包如果比較大，抓的打摺寬度要大，效果會比較明顯。

打摺記號

由左往右摺　　由右往左摺
（一般紙型上的打摺記號皆以布料正面示意）

HOW TO MAKE

1. 畫出打褶記號，依圖示方向打摺。

2. 依記號線將布摺好並用珠針固定。

3. 在小於0.7cm縫份處疏縫固定。

4. 將兩片布正面相對，用珠針固定後車縫袋身。

5. 圓弧處剪牙口。

6. 裡布袋身同作法1～5組合並預留返口，再依照P40（方型扁包）作法8～15方式組合車縫即完成。

C-3
弧型打角包

POINT

此袋底打角適用於弧型包款，打角的弧形角度越大，打出來的角度越明顯。因此，如果包形比較大，建議打角的角度也要大，才看得出變化。

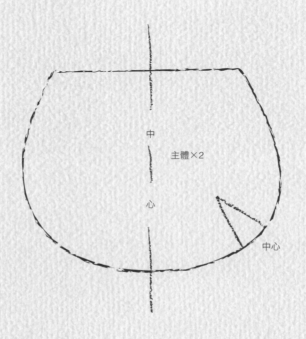

中

中心

主體×2

中心

HOW TO MAKE

1.畫出打角記號線。

2.依圖示從中心點的記號摺好並車縫。

3.兩個角都車好如圖示。

4.將兩片布正面相對,用珠針固定後車縫袋身。

5.圓弧處剪牙口。

6.裡布袋身同作法1～5並預留返口完成,再依照P40(方型扁包)作法8～15方式組合車縫即完成。

57

C-4
弧型加底包

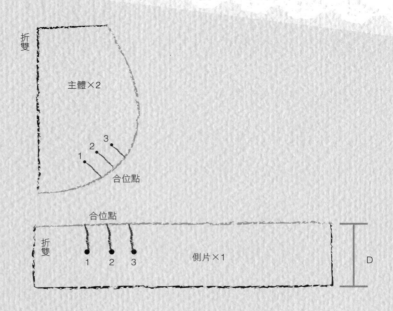

主體×2

合位點

1　2　3

折雙

合位點

折雙

1　2　3

側片×1

D

POINT

弧型包款加底的時候，要注意
先抓出紙型上的合位點，把合
位點先固定住，可以避免車縫
有位置的誤差。

HOW TO MAKE

1.如圖將主體和側片用珠針固定。

2.表布主體朝下、側片朝上，布邊對齊壓布腳車縫。

3.以椎子固定邊車縫邊轉彎。

4.車縫一圈。

5.另一片主體重覆作法1～4。

6.弧度剪牙口。

7.裡布袋身同作法1～6並預留返口完成，再依照P40（方型扁包）作法8～15方式組合車縫即完成。

COLUMN

好用的輔助膠材

以下介紹四種手作包常運用的膠材：布用熱熔膠、水溶性雙面膠、布用口紅膠、
奇異襯，以上皆有暫時固定布料與素材的
功能，但使用方法和範圍略有差異，
一次釐清後會對膠材使用更得心應
手喔！

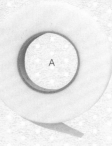

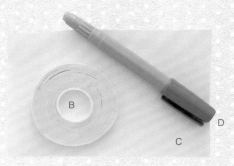

認識輔助膠材

品 名	使用方式	產品特色	常見運用
A 布用熱熔膠	需以熨斗熨燙結合布料。	較水溶性雙面膠薄很多，下水後會失去黏性。	熱熔膠價格較便宜；大多用於固定布標或是較薄的布片。
B 水溶性雙面膠	與一般雙面膠相似，撕除離型紙後直接黏貼即可。	不會沾黏車縫針，下水後就會失去黏性並溶解。	水溶性雙面膠單價稍高；因為不傷車縫針，多被使用在輔助拉鍊位置固定車縫。
C 奇異襯	先把膠面以熨斗熨燙貼在布料上，再裁剪所需圖案燙到成品布面上。	奇異襯無法水解，它帶有兩面膠，其中一面以紙貼附，可畫出所需圖形後粗裁，貼在布面上燙好後一起裁剪。圖案若有正反方向之分，要注意須以反面描圖。	奇異襯幾乎都運用於貼布繡上，因為它能把圖案布完整地和布料貼合固定，又可增加微微的圖案厚度。讓貼布繡操作方便又硬挺。
D 布用口紅膠	與一般口紅膠相似，可塗抹在布料上暫時固定布料。	布用口紅膠多為藍色或黃色，方便分辨塗抹範圍；不影響布料厚薄，乾燥後會呈透明狀，縫紉完成後可洗滌清除。	布用口紅膠的特色最適合用在縫合有鏤空的蕾絲。雖亦可取代珠針或疏縫線，暫時固定布片，但考量其單價稍高，多半不作此用。

布用熱熔膠：固定布標

1. 將布標兩側往內摺燙，在摺燙處放一小段熱熔膠熨燙結合。

2. 兩邊都先熨燙好如圖示。

3. 在預備車縫布標處放熱熔膠，放上布標後用熨斗加熱結合。

4. 沿著布標邊車縫一圈即完成。

奇異襯：車縫貼布繡

1. 將圖案反面描繪在奇異襯背面，用熨斗燙在不織布上。

2. 把圖型剪下後，將奇異襯的紙撕下。

3. 將有膠的那一面放在布上用熨斗加熱結合。

4. 沿著圖型的邊邊車縫一圈即完成。

布用口紅膠：固定蕾絲

1. 將布用口紅膠塗在蕾絲的背面。

2. 再將蕾絲放在布上黏合。

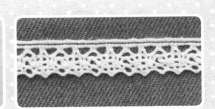
3. 車縫結合即完成。

水溶性雙面膠：固定拉鍊

1. 將水溶性雙面膠黏在拉鍊背面。

2. 撕下離型紙後黏在布面上。

3. 沿著拉鍊和布面邊緣車縫直線即完成。

提把製作

布包大至上可以分為「手提」和「肩背」，以下歸納出作布包中最常用到的提把位置和長度，提供給大家作為參考。

手提＆肩背提把位置

不論手提或肩背，都會以1/3作為參考值。

手提：提把固定位置為兩端1/3位置上；或以中心點向左右最少4cm。

肩背：提把固定位置為兩端1/3以內；或以中心點向左右最少7cm以上。

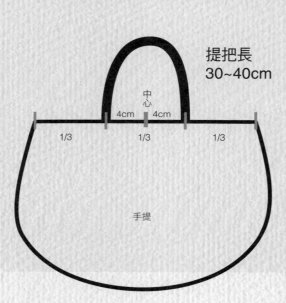

提把長
30~40cm

中心
4cm 4cm
1/3   1/3   1/3
手提

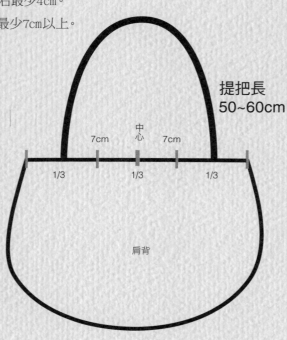

提把長
50~60cm

7cm 中心 7cm
1/3   1/3   1/3
肩背

提把長短計算

手提：以總長30～40cm是最常用到的長度。

肩背：以總長50～60cm是最常用到的長度。

POINT

不論是提把位置或是長度，都要視作品大小而決定，也許針對視覺上的效果增長或改短；也許針對實用性和個人使用習慣而去作調整。

提把三折壓織帶

1.將提把布料約分成三等份。

2.如圖燙好（最後一折稍短，押上織帶才不會跑出布邊）。

3.在三折布的裡面放上熱熔膠，織帶上也放上熱熔膠。

4.將布放在織帶的上方中間位置，用熨斗壓燙讓熱熔膠加熱暫時固定。

5.沿著提把布周圍車縫直線固定即完成。

提把四折法

1.裁好提把用布。

2.先對折燙出中心線。

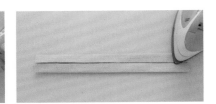

3.再將兩端向中心燙，中心約留0.1cm的空間。

4.再對折燙平。

5.距離布邊約0.2至0.3cm車縫固定即完成。

提把包織帶

1. 將提把布對折車縫一直線，縫份倒向兩邊燙開。

2. 用穿帶器夾住布邊。

3. 穿帶器往內推，把布條翻到正面。

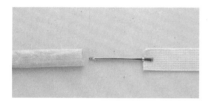

4. 用穿帶器夾住織帶，穿入作法3布條。

5. 穿好織帶如圖示。

6. 車縫布條兩邊固定即完成。

可調式肩背帶

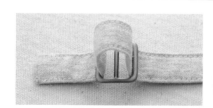

1. 提把布以四折法製作，將布條套入日型環，如圖示。

2. 如圖將布條包住日型環的中心一字，於2cm處內折。

3. 將內折處車縫固定一圈。

4. 於布條另一邊套入掛勾，再把布條依箭頭方向套入日型環。

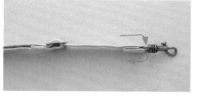

5. 拉出的布條再套入另一個掛勾，將布內折約2cm車縫固定。

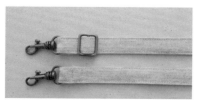

6. 完成可調式肩帶如圖示。

手縫皮革提把

1. 先以提把找出位置,並以消失筆作出記號。

2. 由裡布入針,穿過表布由提把上第一個孔出針。

3. 由第二個孔入針,再由裡布出針返回第一個孔出針。

4. 由第二個孔入針,穿過裡布由第三個孔出針。

5. 由第四個孔入針,穿過裡布再由第五個孔出針至表布。

6. 重覆作法5至最後一針,再由倒數第二針入針。

7. 一樣縫二次,即由最後一針出針。

8. 由倒數第二針入針後由倒數第三針出針,並依序縫回第一針。

9. 最後於裡布收針打結並藏結即完成。

百變提把DIY

不需要購買提把,因為只要自己花點心思變化,就能縫出許多不同的提把樣式囉!

以三折法車縫三條細長條,以麻花辮方式編織即可。

取棉繩估量出圓直徑,取圓直徑加上縫份裁出長布條,車縫後翻回正面,用穿繩器把棉繩穿進去即可。

把兩片提把布三折,用布用熱熔膠把蕾絲黏在兩側,在兩側以香四色調的車線車縫固定即可。

在以三折法或四折法完成的提把上以口紅膠黏上蕾絲,再以相似色調的車線固定蕾絲即可。

剪出所需皮提把的長度，以錐子在布包和皮提把上穿洞，用固定釦固定布包和提把即可。

以四折法完成提把後，以熱熔膠固定緞帶後，再於緞帶邊緣車上直線固定即可。

取兩塊布料裁出一片片的布塊，車縫連接後以四折法或包織帶法完成提把即可。

改變提把車縫位置，也能有不同風格的呈現。

超收納口袋製作

想加強布包收納功能，口袋是必備的選項！這裡介紹了：貼式口袋、鬆緊口袋及拉鍊口袋，三大類共8種的口袋製作方法，實用性百分百。

貼式口袋 方形貼式

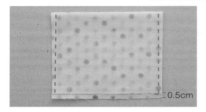

1.將口袋布如圖留0.5cm對折，車縫兩邊直線。

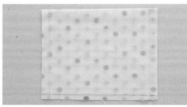

2.口袋底兩側底角修剪45°角。

3.由底部翻至正面，並利用錐子將邊角推出。

4.整燙後於上方車壓裝飾線（視所需可於此時車縫布標）。

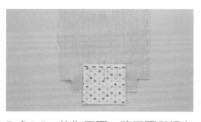

5.多0.5cm的為正面，將正面與裡布的正面相對，沿著0.5cm車縫一直線。

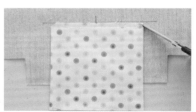

6.將兩端多餘的角剪掉。

7.翻至正面整燙並以珠針固定。

8.如圖ㄩ字型車縫，於頭尾回針加強固定即完成。

POINT

- 對折多出的0.5cm可以讓口袋翻到正面車縫後，底部不會厚厚凸凸的。
- 車縫口袋位置時，要注意預留布包裡布完成袋身後的底部位置；裡布上方的空間也要考量是否會安裝磁釦。

貼式口袋 弧形貼式

1.如圖依打版好的口袋紙型另加縫份剪下口袋布，∪字部分加縫份0.7cm，上方直線縫份加2cm。

2.將上方直線部分以1cm三折。

3.於三折處車縫裝飾線。

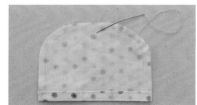

4.距布邊0.5cm以平針縫縫有弧度的部分。

5.放進紙型拉緊作縮縫，再以燙斗整燙固定弧度部分。

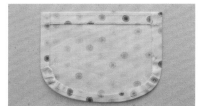

6.剩下的兩側直線部分以0.7cm縫份整燙固定。

7.固定於裡布上方，距布邊0.3cm車縫∪字即完成。

POINT

• 以上示範的弧形貼式口袋是以一片布製作的快速方式，如果你的口袋布太薄，則可裁下兩片口袋布正面相對，以0.7cm縫份車縫∪字，預留返口翻回正面，返口內折整燙後固定於裡布，再沿著布邊0.3cm車縫∪字固定即完成。

貼式口袋 假包邊貼式

1. 將表、裡布正面相對後車縫上方一直線（裡布長度須比表布多1cm）。

2. 翻至正面把縫份倒向裡布，以骨筆將裡布確實拉開。

3. 將裡布以0.5cm兩折燙，如圖示。

4. 如圖車縫兩側直線。

5. 翻至正面整燙，於上方車壓裝飾線。

6. 將口袋正面和裡布正面相對，於底部0.5cm車縫一直線。

7. 修剪多餘的角。

8. 翻至正面整燙並以珠針固定，ㄩ字型車縫，並於頭、尾回針加強固定即完成。

POINT

• 作假包邊貼式的口袋裡布長度須比表布多1cm，折燙後長度才不會差異過大。

• 縫份倒向裡布可增加包邊厚度。

貼式口袋 立體貼式

以下的口袋完成：

一分為二的立體貼式，二個口袋折子各為1.5cm。

1. 將口袋布如圖留0.5cm對折，車縫兩邊直線，並將兩側底角修剪45°角。

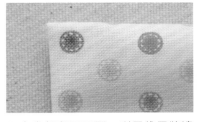

2. 由底部翻至正面，利用錐子將邊角推出。

3. 整燙後於上方車壓裝飾線。

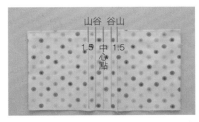

4. 將要一分為二的車縫位置找出後，如圖以中心點向左右各出2個1.5cm。

5. 燙出山谷線後，將山線部分以0.3cm車縫一直線。

6. 多0.5cm的布料為正面，將口袋正面和裡布正面相對，以0.5cm車縫一直線。

7. 修剪多餘的角。

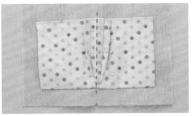

8. 翻至正面整燙並以珠針固定，如圖車縫中心點將口袋一分為二。

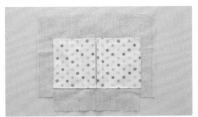

9. 車縫兩側固定，於頭、尾回針加強固定即完成。

POINT

- 立體貼式口袋重點在「折份計算」，雖然折子愈大可放下的物品愈多，但也會使口袋呈現「外擴」的現象，不只不美觀，東西也很容易掉出來。那麼，立體貼式口袋的折份到底要多大才算合理呢？通常只要不是超大旅行袋，或是迷你小包，以一般大小的包包來說，建議折子的部分介於1.5～3cm就很足夠了！（以上作法就是）

- 裝飾線可車可不車，但裝飾線不只是裝飾線，同時具有將表裡布固定的效果。

71

鬆緊口袋 不收邊

【示範材料】

口袋布→21.5cm×↓21.5cm×1片、鬆緊帶10cm×1條
完成的鬆緊口袋，實際尺寸為 寬20cm×高10cm。

POINT

- 作法4的記號，車縫線的寬度要比鬆緊帶略寬，鬆緊帶才有活動的空間。
- 製作鬆緊式的口袋，重點在於鬆緊帶的長度，建議長度約為口袋布的1/2～1/3，這樣車縫起來才會有鬆緊效果。

1. 鬆緊口袋布正面對折，車縫一直線。

2. 將縫份如圖示倒向兩邊燙開。

3. 翻至正面整燙，此時縫份還是倒向兩邊，將縫份處當作裡布下方。

4. 於表布上方作出記號（寬度須比鬆緊帶還寬）。

5. 將消失筆作出的記號線車縫一直線。

6. 將鬆緊帶放入返帶器中，拉向前端扣緊。

7. 返帶器穿入布料中。

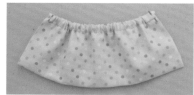

8. 頭、尾車縫固定。

9. 口袋布邊對齊裡布布邊，以珠針固定後以小於0.7cm疏縫。

10. 同上，完成另一邊布邊即為完成，此口袋適合放置保溫杯、水壺、奶瓶等。

11. 若再把底部布料平均車縫固定如圖示，則適用放置小物和不希望掉出口袋的物品。

鬆緊口袋 收邊

POINT

- 鬆緊式的立體口袋收納更方便，在製作上並無尺寸上的硬性規定，同樣可依自己的需求而定。
- 若鬆緊帶寬為1cm，則作法7車縫的距離一定要比1cm大，這樣鬆緊帶才有活動的空間

【示範材料】

口袋布→25cm×↓17cm×1片、鬆緊帶16cm×1條
完成的鬆緊口袋，實際尺寸為 寬17cm×高7.5cm。

1. 鬆緊口袋布正面相對折，車縫一直線。

2. 如圖將縫份倒向兩邊燙開，並將縫份處當作裡布下方。

3. 於口袋布上兩端由外向內1cm處以消失筆作出記號。

4. 將鬆緊帶固定車縫於裡布記號處。

5. 車縫兩側邊直線，並於任一邊預留返口。

6. 由返口翻至正面，並作整燙。

7. 將布拉平先暫以強力夾固定前半段，車縫前半段，頭、尾不必回針，亦不可車縫到鬆緊上。

8. 接著進行後半段的車縫，同樣以強力夾固定。

9. 前後段車縫時重疊前3針後，車縫完一直線。

10. 車縫固定於欲加口袋的布料上，可做分隔車縫。

11. 可利用錐子將布料平均分攤。

12. 以ㄩ字型車縫一圈即完成。

拉鍊口袋 不收拉練布邊

【示範材料】
拉鍊口袋布常用參考尺寸：
口袋布→25cm×↓30cm ×1片、7吋拉鍊×1條

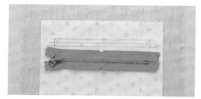

1.口袋布和裡布正面相對，在口袋布下3cm處畫寬1cm、拉鍊長加0.5cm的長方格，取中心點於兩端畫Y字。

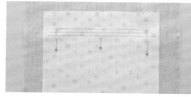

2.以珠針固定後，將兩片布一起沿長方格框車縫一圈。

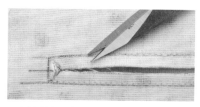

3.以拆線器割開中間一小段，再以小布剪將雙頭Y字線剪開（★要剪到底，但千萬不能剪到車縫線）。

4.將口袋布四邊向內整燙。

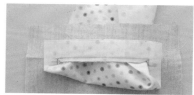

5.將口袋布從剪開的洞口翻至另一面。

6.翻好後先以骨筆刮平，再用熨斗整燙。

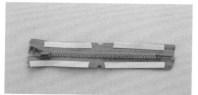

7.將拉鍊的正面兩側都貼上水溶性雙面膠帶。

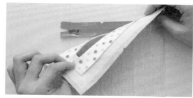

8.拉鍊對齊洞口貼上固定。

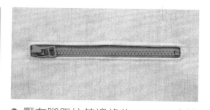

9.壓布腳距拉鍊邊緣約0.5cm，車縫裝飾線（★壓布腳下可墊上布料，讓兩邊高度平均較不易車歪）。

10.翻至背面將口袋布對折以珠針固定，並於下方畫個圓弧。

11.避開裡布，將口袋布車縫一圈即完成。

POINT

- 拉鍊口袋布要裁多大？其實拉鍊口袋布尺寸需搭配拉鍊的尺寸，以7吋拉鍊（17.8cm）來說，布料長度→最少要17.8+5＝22.8cm；寬度↓則因個人習慣，沒有絕對的標準答案。

- 作法10畫圓弧車縫可以避免灰塵卡在底部弄不出來。

拉鍊口袋 收拉鍊布邊

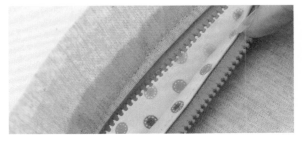

【示範材料】

拉鍊口袋布常用參考尺寸：

口袋布→25cm×↓30cm ×1片、擋布→25cm ×↓5cm ×1片、7吋拉鍊×1條

1. 擋布與表布正面相對，畫寬度1cm、長度拉鍊長加0.5cm的長方格，取中心點並於兩端畫Y字剪線位置。

2. 同P74作法2～8完成方框，貼上拉鍊（正、反四側都貼上水溶性雙面膠）。

3. 將口袋布向內折燙1cm。

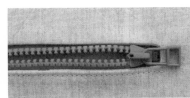

4. 如圖示把口袋布貼在拉鍊下方。

5. 翻至正面（換上拉鍊壓布腳），於距離布邊0.5cm下方車縫一直線。

6. 翻至背面將口袋布對折，布邊貼住拉鍊布邊。

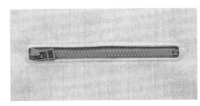

7. 距離布邊緣約0.5cm，車縫ㄇ字型。

8. 翻至背面將口袋布兩邊以珠針固定，並於下方畫出圓弧。

9. 避開裡布，將口袋布車縫兩側邊即完成。

POINT

• 擋布要裁多大？此作法的口袋布尺寸和P70不收拉鍊布邊的尺寸是一樣的，只是多裁一片擋布。收拉鍊布邊的擋布尺寸的長度和口袋布一樣長即可；寬度最少5cm即可。

口布拉鍊製作×3

手作布包的袋口,最具安全性的當屬拉鍊袋口!這裡介紹了三種口布拉鍊製作方式,有只要兩片布的簡易口布拉鍊、四片布製作的收頭收尾口布拉鍊,以及不收頭尾的口布拉鍊。

口布拉鍊 簡易

1. 準備兩片口布對折,其中一面燙上薄布襯。

2. 取對折的口布車縫兩側邊,如圖示。

3. 翻至正面後以熨斗整燙。

4. 把拉鍊放置於口布下方,沿著布邊0.5cm以凵字型車縫,拉鍊頭尾要反折。

5. 換另一邊車縫時,把拉鍊拉開來車縫可避免卡住;兩側口布都車縫凵字型固定即完成。

POINT

車縫口布拉鍊時,可利用錐子幫忙固定拉鍊位置。如果還是很怕會歪掉,可以運用水溶性雙面膠,先把拉鍊黏在口布上即可。

口布拉鍊 收頭收尾

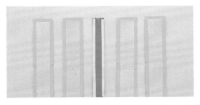

1.拉鍊的正、反二面共四片燙上薄布襯,沿著拉鍊布邊貼上水溶性雙面膠帶,並將口布和拉鍊都剪出中心點牙口。

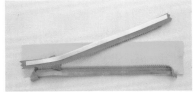

2.拉鍊正面與口布表布正面相對,將拉鍊頭、尾部分向內上折。

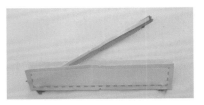

3.再將口布裡布和表布正面相對,如圖車縫凵字型固定。

4.車好的口布修剪45°斜底角。

5.翻至正面整燙,車壓裝飾線。

6.取拉鍊另一端口布,重複作法1〜5即完成。

口布拉鍊 不收頭尾

1.利用燙板或熨斗定規將口布二端向內折燙1cm。

2.將拉鍊正、反二面共四邊,依表布長度貼上水溶性雙面膠帶。

3.拉鍊正面和口布表布正面相對並黏貼。

4.將口布表布和裡布正對正夾車拉鍊,車一直線。

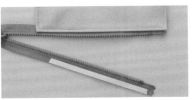

5.翻至正面整燙,車壓冂字型車縫線。

6.取拉鍊另一端口布,重複作法3〜5即完成。

自己動手改拉鍊

拉鍊長度大致可分為二種：❶長碼裝拉鍊：不浪費拉鍊，可適時剪下欲使用之長度。但要自行安裝拉鍊頭。❷以「吋」(1吋＝2.54㎝)為單位的拉鍊：拉鍊頭、尾都已作好處理，但不見得每一種尺寸都剛好符合自己要用的尺寸。尼龍、塑鋼、和金屬拉鍊，修改方法其實大同小異，學會修改拉鍊，就能讓製作過程更順手！

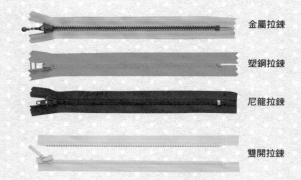

金屬拉鍊

塑鋼拉鍊

尼龍拉鍊

雙開拉鍊

尼龍拉鍊修改－簡易

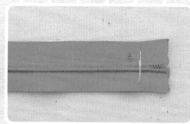

1.拉鍊由前往後量出所需長度，再預留約1㎝的縫份以消失筆畫出記號，用剪刀剪去多餘長度。

2.將尾端以打火機快速燒一下布邊，讓布邊不易虛邊。

3.在尾端以手縫疏縫固定即完成。

更換拉鍊頭
更換拉鍊頭以塑鋼拉鍊和金屬拉鍊最易遇見，二種拉鍊頭更換方式是一樣。

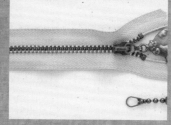

1.利用虎頭鉗如圖示置於拉鍊頭底部，夾住尾端就會產生縫隙。

2.將原本的拉鍊裝飾片取出，套入新的裝飾片。

3.再利用尖嘴鉗以適當的力量將原本的縫隙夾緊即完成。

塑鋼拉鍊修改－簡易

1.拉鍊由前往後量出所需長度，再預留約1cm的縫份，以消失筆畫出記號。

2.用一般剪刀剪去多餘部分，拉開拉鍊用虎頭鉗夾住縫份區的牙齒，以適當的力量拔除。

3.將兩邊拉鍊的牙齒都拔掉。

4.以疏縫固定尾端即完成。

利用擋片修改拉鍊

拔下的擋片如果沒被破壞，可以把它放回拉鍊尾端，隔層布料避免損壞金屬，以尖嘴鉗用適當的力量夾緊即可。

塑鋼拉鍊修改－改頭

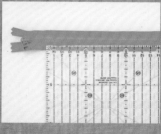

1.拉鍊由後往前量出所需長度，再預留約1cm的縫份，以消失筆畫出記號。

2.拉鍊頭拉到尾端（★不後移拉鍊頭掉了就很難卡回去），用一般剪刀剪掉多餘長度，拉開拉鍊用虎頭鉗夾住縫份區的牙齒，以適當的力量拔除。

3.再利用虎頭鉗，平行地將剪除的拉鍊前端擋片咬住拔下（兩邊擋片都取下）。

4.將擋片套入記號位置處，用尖嘴鉗以適當的力量夾緊即完成。

滾邊&出芽製作

滾邊和出芽可提升布包質感，增加配色變化。開始製作之前，要先學會裁剪45°斜布條，裁出來的布料是斜紋的，才具有彈性方便縫製。

裁製45° 斜布條

1.將布料放在裁墊的任一直角，找出長度和寬度一樣長的位置，如圖示：長度和寬度各為15cm（三大格），形成45°的等腰三角型。

2.角斜線找出來之後，以裁尺輔助用裁刀先裁第一刀。

3.布料不要任意移動，只要利用裁尺的刻度平行線，沿線裁下自己所需寬度之布條即可。

POINT

滾邊器裁布大不同！

製作滾邊接縫時，要把裁好的斜布條放入滾邊器中整燙，市售滾邊器有黃、紅、藍三種顏色，適合放入不同寬度的斜布條。一般來說：
黃色滾邊器要裁寬度2.5cm的斜布條，拉燙出的滾邊條為12mm。
紅色滾邊器要裁寬度3.5cm的斜布條，拉燙出的滾邊條為18mm。
藍色滾邊器要裁寬度5cm的斜布條，拉燙出的滾邊條為則為25mm。

45° 斜布條接合

1.先畫出0.7cm的車縫線。

2.將兩布條正面相對,以畫出的車
縫線對齊,用以珠針固定。

3.車縫一直線,頭尾記得回針。

4.將縫份燙平剪去多餘部分;重複
上述作法連接至想要的長度即可。

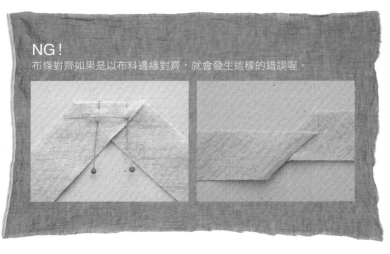

NG!
布條對齊如果是以布料邊緣對齊,就會發生這樣的錯誤喔。

滾邊接縫

1.將斜布條放入滾邊器（裡布朝上）。

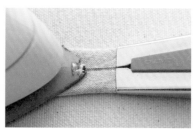

2.一手將滾邊器向後拉，一手利用熨斗尖角跟著滾邊器的方向整燙。

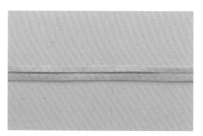

3.完成滾邊條如圖示。

4.將滾邊條一側縫份展開，正面對齊成品布邊，以珠針固定並車縫。

5.把多出來滾邊條修齊。

6.翻至背面先行整燙。

7.燙上熱熔膠暫時固定方便車縫或手縫。

8.翻至正面車縫固定即完成（亦可以藏針縫或對針縫手縫完成）。

POINT

想要將作品滾邊之前，要先確認作品滾邊處的厚度，以此衡量需要的滾邊條寬度，否則萬一使用的滾邊條太細，會無法完整包覆作品邊緣，就要拆線重作啦！

簡易出芽（包繩）

1.將包繩用布條包住膠繩，對折放入包繩壓布腳中。

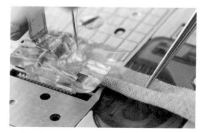

2.以錐子邊整理固定，先以縫份小於0.7cm疏縫。

3.完成包繩疏縫如圖示。

4.先在成品布邊找出止縫點（★不能全車滿，否則布包組合時會沒有縫份！），再以小於0.7cm疏縫固定。

5.快車縫到止縫點時暫停，將包繩布條往後推到止縫點處，找出膠繩前端。

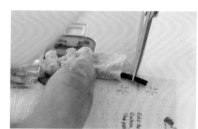

6.剪掉超過止縫點膠繩。

7.再將兩邊頭尾的包繩布條向外車縫收尾即完成。

POINT

出芽內包的素材最常見的是棉繩和蠟繩，通常為3mm和5mm居多，由於材質偏軟，因此有時也會使用偏硬的2mm膠繩。

大致上來説，2mm、3mm的繩子會搭配2cm寬的布條，5mm的繩子則搭配3cm寬的布條；至於布紋方向則視作品是否有圓弧而定，若有圓弧建議使用斜布條，若只是直線則不一定非得使用斜布條。

膠繩　棉繩　蠟繩

常用的五金工具

磁釦、四合釦、鉚釘釦、雞眼釦、塑膠夾釦…，這些作品上最常用的配件，除了可增加作品的實用性之外，也能加強造型。不同配件也有專屬的工具搭配，在開始之前就先認識它們吧～

Ⓐ 木槌：使用木槌主要在於保護工具，如果要用鐵鎚記得要讓鐵鎚包上一塊布再作敲打。

Ⓑ 膠板：使用木槌時墊在下方可保護桌面和工具，也能降低噪音。

Ⓒ 萬用環狀台：有多尺寸圓環，可搭配各尺寸固定釦或四合釦使用。

Ⓓ 打孔器：如果需要穿入五金（例如：雞眼）的布料太厚或五金尺寸太大，無法使用錐子穿洞時，就需要打孔器，打孔器也有多種尺寸可做選擇。

Ⓔ 雞眼：布包上使用雞眼除了可以固定外也可以方便穿繩子束口或裝飾，多種尺寸，每一種尺寸都需要有同種尺寸的工具搭配使用。

Ⓕ 撞釘磁釦：需要專屬工具組合，如果想在已作好的包或是市售現成的包加上磁釦增加隱密性，就能使用撞釘磁釦。

Ⓖ 磁釦：此款磁釦是插入式，須在包款還未縫合返口時即安裝。

Ⓗ 塑膠壓釦：有些作品或嬰兒用品不適用磁釦時可裝上塑膠壓釦。

Ⓘ 腳釘：如果不想讓包的底部直接接觸地面可裝上腳釘。

Ⓙ 四合釦：裝上方便物品的開合。

Ⓚ 凸面釦：通常運用在提把組裝上，也能作裝飾或固定布料，有多種尺寸或顏色可做選擇，但是要記得一種尺寸需搭配該尺寸工具。

Ⓛ 平面釦：通常運用在提把組裝上，也能裝飾或是固定布料，有多種尺寸或顏色可做選擇，但是要記得一種尺寸需搭配該尺寸工具。

Ⓜ 六孔夾：可用布料做出專屬的記事本，能開闔更換內頁紙。

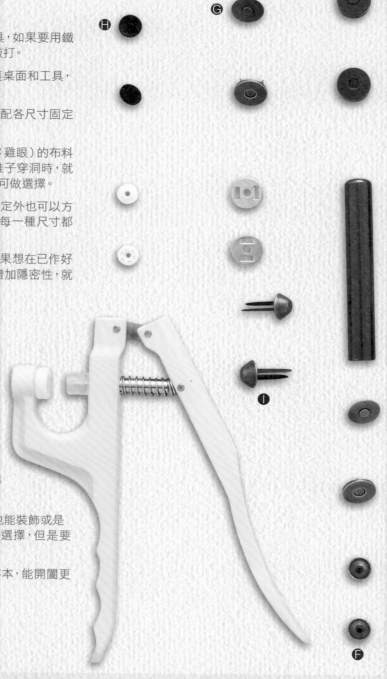

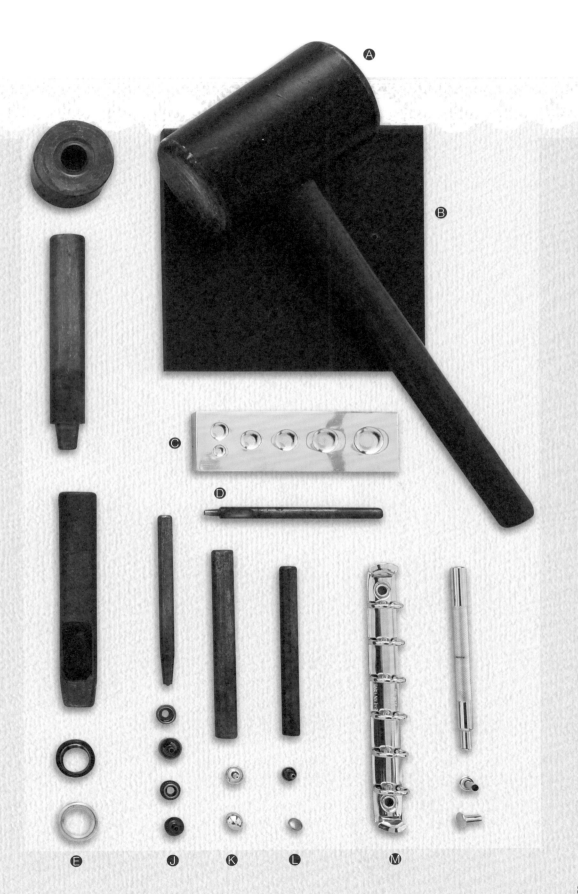

磁釦安裝

【工具】
磁釦組、拆線器

1. 利用墊片先描繪出兩直線。

2. 以拆線器從一端進去。

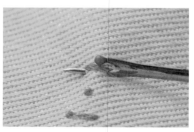

3. 再從另一端出來，將直線割劃開。

4. 兩直線都劃開後，將磁釦腳釘穿過開口。

5. 穿過腳釘套入底座墊片。

6. 用尖嘴鉗將腳釘向外夾開、壓平。

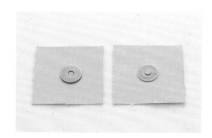

7. 另一邊重覆作法1～6即完成。

POINT

- 安裝磁釦時，若布料比較單薄，可以多燙一小塊布襯再割劃直線，避免割劃處的布料太薄容易損壞。
- 作法6夾開腳釘時，雖然也能直接用手掰開，但直角處卻會比較突起，也容易鬆鬆的不平整。
- 如遇到布料太厚不易割開，可利用珠針先固定一端，再用拆線器的另一端向珠針方向將線割開，就可以避免割開時衝過頭，造成割太大洞的問題。

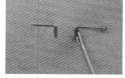

撞釘磁釦

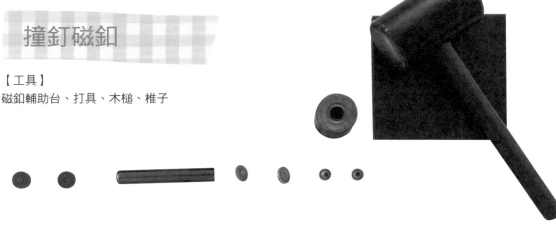

【工具】
磁釦輔助台、打具、木槌、椎子

1. 準備凹、凸輔助台和四合磁釦；先在布上做記號，用錐子穿出洞。

2. 穿入洞口套入磁釦。

3. 將磁釦凸面搭配凹面輔助台，蓋上撞釘帽後運用工具和木槌敲打固定。

4. 打好的凸面磁釦上用消失筆塗上顏料。

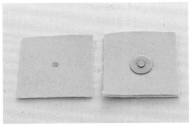

5. 直接把凸面磁釦對應到另一片布面得到記號，再用錐子穿洞。

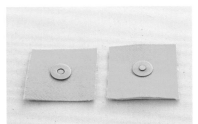

6. 凹面磁釦搭配凸面輔助台，以同樣方式敲打固定即完成。

POINT

- 作法4直接用消失筆塗凸面磁釦，這樣在實際操作布包撞釘磁釦安裝時，就不容易有對不齊的情況發生，是一個簡單容易的小撇步喔！
- 安裝之前可先在布料燙上一小塊方形厚布襯，增加布料的耐用性，讓作品在使用上不會因磁力的開合、拉扯中提早結束壽命。

四合釦（牛仔釦）

【工具】
四合釦、四合釦斬、萬用環狀台、木槌

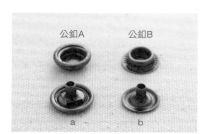

1.準備一組尺寸相同的四合釦。

2.畫出記號線，用錐子戳小洞，將釦面a穿入洞中並套入公釦A。

3.把釦面對應尺寸相同的環狀台放置。

4.利用四合釦斬工具，將二者敲打鉚合。

5.打好的公釦用消失筆塗上顏料，直接對應到另一片布面得到記號，再用錐子穿洞。

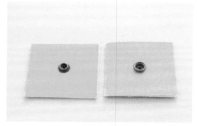

6.於另一布端穿好的洞孔穿入母釦b，再合上釦面B，放置於環狀台上敲打鉚合即完成。

塑膠按釦

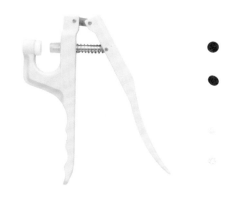

【工具】
按釦壓合工具、按釦1組

1.找出按釦位置，先在布料上用椎子穿洞。

2.再將黑色上蓋由洞孔處穿入布料。

3.套入白色下蓋（有一公一母）。

4.如圖示把塑膠按釦放置於壓合工具座台上，將工具壓合到底。

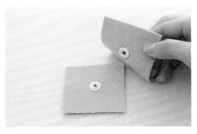

5.剩下的配件重複作法1～4壓合完成一組塑膠按釦。

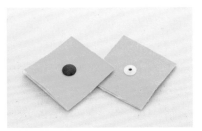

6.完成一公一母的塑膠按釦如圖示。

POINT

按釦壓合工具可更換 9mm或13mm的按釦尺寸，只要把工具的白色底座取出，即可更換底座使用。塑膠按釦的上蓋有很多顏色可以選擇，可以搭配布料顏色使用。

平面固定釦

【工具】
平凹斬、固定釦、萬用環狀台、木槌

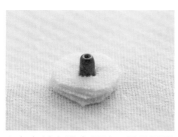

1.在布料上畫出記號，用錐子戳一小洞，將釦面A套入洞中（★若腳過高很容易敲壞，此時可利用碎布或布襯增加厚度）。

2.再將固定釦a套上釦面A 置於萬用環狀台上，搭配平凹斬敲打。

3.敲好的固定釦鉚合即完成。

POINT

常用固定釦尺寸為8mm。固定釦的腳高常用的有6mm、8mm及10mm，須視作品布料厚薄度而定，愈厚的作品適合愈高的腳。最常用的尺寸為8mm×6mm，即釦面直徑8mm、腳高6mm。

凸面固定釦
（蘑菇釦）

【工具】
凸面斬、固定釦、萬用環狀台、木槌

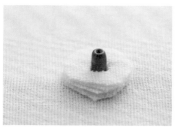

1.在布料上畫出記號，用錐子戳一小洞，將釦面A套入洞中（★若腳過高很容易敲壞，此時可利用碎布或布襯增加厚度）。

2.再將固定釦a套上釦面A 置於萬用環狀台上，搭配凸面斬敲打。

3.敲好的凸面固定釦鉚合即完成。

POINT

平凹斬和凸面斬不同，如果用錯輔具，釦面會被打凹喔！

凸面　　　　平面

腳釘（皮包腳）

【工具】
腳釘

作法A

1.先於腳釘安裝位置處畫兩直線記號。

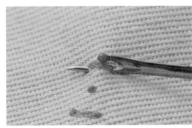

2.以拆線器割開直線。

3.從布料正面兩直線穿入兩側腳釘，將腳釘金屬片分別往兩側壓平即完成。

作法B

1.先於腳釘安裝位置處做記號，並以錐子戳出小洞。

2.從布料正面由同一孔洞穿入腳釘。

3.於背面將兩腳釘金屬片分別往兩側壓平即完成。

POINT

腳釘有不同尺寸可選用，可以釘在布包袋底支撐袋物，避免包包弄髒。以上示範的方法A和方法B差異在腳釘的服貼度，稍微費工的方法A會比方法B更服貼於袋底。

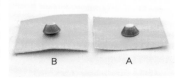

雞眼（氣眼）

【工具】
雞眼釦、華司墊片、雞眼釦下模底座、
鉚釘打孔器、雞眼打器、萬用環狀台、
木槌

1.先利用雞眼釦的內徑（★非外徑！若畫外徑會讓雞眼太鬆，容易掉落失敗）畫出記號。

2.再用鉚釘打孔器打出孔洞。

3.由布料正面穿入雞眼。

 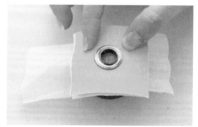 

4.將雞眼放置於雞眼釦下模底座上。

5.套入華司墊片。

6.再搭配雞眼打器用木槌敲打固定。

7.敲打到雞眼密合即完成。

POINT

- 雞眼有各種尺寸和顏色可依作品的所需搭配。安裝之前可先在布料上燙一小塊方形厚布襯，藉此增加布料的耐用度。

- 若打孔器無適合之大小，可用小打孔器先靠著記號邊打洞，再沿著記號線打一圈，就可以打出一個大圓。

 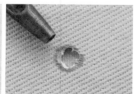

6孔夾

【工具】
六孔夾、鉚釘打孔器、六孔夾打器、木槌、膠板、萬用環狀台

1. 先六孔夾於布料上找出欲固定之位置作記號。

2. 以鉚釘打孔器打出洞來。

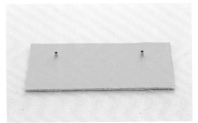

3. 將空心釘由布料的背面穿入。

4. 套入六孔夾。

5. 如圖示放置於萬用環狀台上。

6. 以搭配的六孔夾打器放置於空心釘上,以木槌敲打密合即完成。

POINT

布包雖然不會使用到六孔夾,但在這裡一併教授大家六孔夾安裝方式,可以試著用布包剩下的布料,做出屬於自己的六孔夾記事本。

Part 3
個性化加分技法

想讓你的手作包獨一無二嗎?利用顏料彩繪、羊毛氈、不織布、轉印、刺繡、零碼布⋯,創造專屬你的布面裝飾和布標吧!

不織布戳

不織布戳

緞面繡

緞面繡

回針繡

繞線繡

輪廓繡

輪廓繡

8字結粒繡

自由繡

鎖鍊繡

串珠繡

魔術印布

奇異襯

半回針縫

絨毛繡

緞面繡

輪廓繡

8字結粒繡

輪廓繡

緞面繡

羽毛繡

絹印

這裡教的絹印手法為簡易版，準備工具和技法都不難，學會了以後可以印出自己喜歡的圖案喔！

工具：
絹框、刮刀、印花漿、卡典西德、水彩筆、刀片

HOW TO MAKE

1.將卡典西德印上喜歡的圖案後，以筆刀或美工刀割除要絹印的區塊。

2.撕開卡典西德，黏貼在絹框的絹網上。

3.平貼如圖示。

4.於白色棉布上噴少許水，加強布料吸附染料度。

5.取布用複寫紙放上雲朵圖，墊一層塑膠袋後依圖示描繪在棉布上。

6.將絹印框移置白色棉布上，對準要絹印的區塊。

7.第一次上染料要把印花漿先抹在圖案上方（直接抹在棉布上會上色不均）。

8.用刮板由上往下，來回抹平印花漿。

9.左側再抹上適量印花漿，左右來回抹平，拿開絹框待顏料乾燥即可。

POINT

● 卡典西德買厚的會較好操作，可用印表機或複寫紙取得圖案再切割。絹印時印出來的圖案周圍如果有點暈開，就可以換張卡典西德了。

● 絹框上的絹網以150目為佳，太細染料不易滲透、太粗染料會溢出太多。每次用畢要趕快清洗，用久了可以拆下來換新。

● 絹印的布料要選擇有吸水性的棉布，若使用厚帆布類可以先噴點水，加強吸附力。

● 作法5放上塑膠袋可避免戳破複寫紙。

布用印泥

布用印泥可以隨性地印在喜歡的布料上，製造雜貨感十足的手作Fu～你也可以刻出喜歡的橡皮章或姓名章，印出屬於自己的布標喔！

工具：
布用印泥、印章、棉花棒

 HOW TO MAKE

1. 以布用印泥平均地輕拍印章。

2. 以棉花棒蘸水將印章四周擦拭乾淨。

3. 蓋印於素色織帶上後再隔布以燙斗加熱定色後即可。

POINT

• 使用印泥的時候，以布用印泥去拍印章會比用印章去蓋印泥好，因為用印章去壓印泥較易使印泥沾近印章空隙中，導致蓋出來的圖案花花的。
• 細心地使用棉花棒去除多餘的印泥，多一個小步驟就可以讓蓋出來的圖案更漂亮！

顏料手繪

喜歡塗鴉的人也可以選擇自己彩繪專屬布料喔！彩繪的時候可以天馬行空地畫出你的無限創意。

工具：
布用顏料、鐵筆

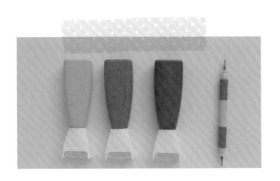

HOW TO MAKE

1. 用筆型布用顏料者可以直接彩繪即可。

2. 筆型顏料可以用鐵筆輔助上色。

POINT

• 布用顏料可至美術社購買；一般文具行中的壓克力顏料也可彩繪在布面，亦有專屬布料用的壓克力顏料。布料專用的顏料附著力較佳，定色效果也比較好。
• 不會畫畫的人也可以用布用複寫紙或者消失筆打草稿，再用顏料描繪即可。

羊毛氈

把羊毛氈當成顏料吧！戳出有立體感的各種圖形，讓布料層次感更豐富。

工具：
羊毛氈專用針、泡棉工作墊、羊毛

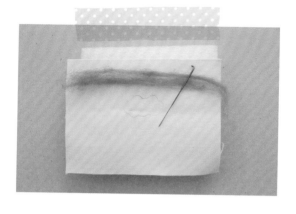

HOW TO MAKE

1. 取布用複寫紙放上已輸出之圖形，墊一層塑膠袋後依圖示描繪。

2. 描出所需圖形輪廓後拉取適量羊毛。

3. 以羊毛氈專用針將羊毛沿著圖案邊緣戳，先把輪廓固定於布料上。

4. 把羊毛戳滿整個輪廓內即可。

POINT

- 取圖可利用布用複寫紙，放上塑膠袋可避免複寫紙被戳破。
- 先戳出輪廓邊緣，再往內戳滿內部，可以戳出輪廓清楚又漂亮的圖案。
- 羊毛氈專用針有粗細之分，粗針適合戳大面積；細針戳出來比較細膩。
- 戳的時候手指也可以套上指套，避免手指紅腫。

不織布戳

除了戳羊毛之外，利用不織布更是省錢又方便的素材運用喔！而且可以先剪出喜歡的圖形，會比戳羊毛更簡單易上手。

工具：
羊毛氈專用針、泡棉工作墊、不織布

HOW TO MAKE

1. 剪下想要的不織布圖案，放至布料上用羊毛氈專用針沿著不織布圖案邊緣戳。

2. 邊緣戳固定後往內戳好把不織布固定於布料上即可。

POINT

- 用羊毛氈專用針把不織布和底布纖維戳在一起，很簡單地就能製作出貼布效果。也能試試戳入毛線或者其他毛料的效果。

C 魔術印布

魔術印布

魔術印布可分為一般印布和防水印布，
差異在防水印布多燙了一層防水膜。只
要用一般家用噴墨印表機，就能印出所
有喜歡的圖片或照片喔！

工具：
魔術印布、防水膜、一般噴墨印表機、熨
斗

HOW TO MAKE

1.把魔術印布放入印表機輸出想要
的圖案，稍微等到噴墨乾燥，再
撕開防水膜黏貼固定於魔術印布
圖案面上。

2.燙斗調到中溫無蒸氣，隔一層布
料整燙魔術印布和防水膜。

3.將魔術印布上面圖形剪下，即完
成。

印好的魔術印布也可以先用油性奇異筆手寫於
魔術印布上，後續再加燙上防水膜。

POINT

- 魔術印布可印製面會有紅點標示，放入印表機前一定
  要先確認是否無誤。
- 燙防水膜的時候一定要隔一層布，否則防水膜會過熱
  融壞喔！
- 燙好的魔術印布可以再稍微修剪一下，因為不會有鬚
  邊，所以不需拷克就能使用。
- 注意熨燙時不可推動，要以按壓方式熨燙，否則防水
  膜和印布容易位移。

布轉印

布轉印和皮革轉印所使用的轉印紙是不同的,技法上也稍有差異。但是兩者都要注意的是—所需列印的圖案要先鏡射成左右相反喔!

工具:
布用熱轉印紙、離型紙、一般噴墨印表機、熨斗

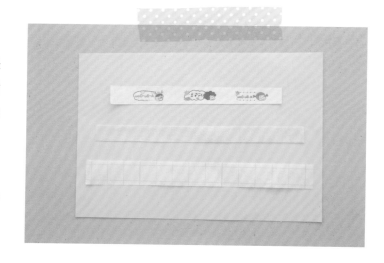

HOW TO MAKE

1.預先將想轉印的圖案以噴墨印表機列印在轉印紙上。列印的圖案要與實際呈現圖形的左右相反。

2.將轉印紙與布料正面相對熨燙,注意熨燙時不可推動,要以按壓方式,否則轉印圖案會變形。

3.待轉印好的布料冷卻後,將轉印紙小心撕下。若未冷卻時就撕,會較難撕開且易破壞圖案。

4.撕開後的圖案,在布料上會有明顯的一層透明轉印,用熨斗將離型紙光滑面墊在轉印面上,同樣要以按壓的方式熨燙。

5.燙過後轉印層會更密貼在布料上,完成轉印後可以將轉印好的布料做成各種喜愛的雜貨作品喔。

POINT

- 列印轉印紙時,若有文字或需方向性的圖案,要先用電腦軟體做左右相反的鏡射再列印。
- 離型紙即黏貼紙的光滑面,作法4使用熨斗熱度要高,按壓力道要足,不建議使用旅行用熨斗,會很容易失敗。
- 完成轉印之布料於24小時後方可洗滌。 轉印圖像面朝內側翻轉洗滌,以保持圖像完整。
- 建議以30~40度水溫洗滌衣物,勿使用任何強效型之清潔劑與漂白劑,清洗後自然風乾即可,請勿烘乾。

皮革轉印

皮革也能轉印？沒錯！這裡示範利用護貝機熱度的均勻壓燙法，是老師靈光乍現的巧思喔！

工具：
皮革專用轉印紙（含透明轉印紙、空白紙片）、皮革布、厚紙板、護貝機

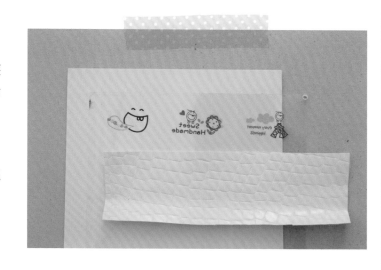

HOW TO MAKE

1. 將需轉印的圖案，以一般噴墨印表機列印在皮革專用轉印紙（透明的那一張，箭頭面為列印面）。

2. 將透明轉印紙與空白紙片一起護貝，可以從另一側來回多護貝幾次，讓轉印紙與紙片更服貼。

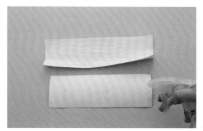

3. 將護貝好的轉印紙用水噴濕，等濕度夠了以後，將紙片撕下，會保留一層膠在透明轉印紙上。

4. 將透明轉印紙有膠的那一面與皮革正面相對。

5. 避免皮革布過於柔軟，下方墊一塊紙板護貝，假如不夠服貼可以轉個方向再多護貝幾次。

6. 待皮革布冷卻後，將轉印紙從皮革布上小心地撕下，完成皮革轉印。

POINT

- 列印轉印紙時，若有文字或需方向性的圖案，要先用電腦軟體做左右相反的鏡射再列印。
- 假如沒有護貝機，則可用熨斗隔一層棉布按壓熨燙，但熨斗熱度要夠熱，且不能開蒸氣功能喔。
- 真皮或合成皮都可使用皮革專用轉印紙轉印圖案。使用護貝機燙合轉印紙，則須注意皮革厚度不要超過2cm。

刺繡針法×15

工具：
法國刺繡針、刺繡線、5號刺繡線、刺繡
框:、刺繡專用穿線器、3D皮指套。

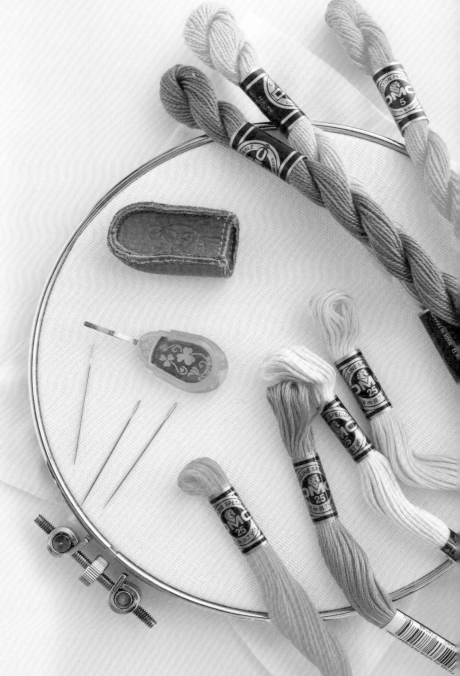

POINT

- 刺繡針的針孔比縫紉針大，穿線容易且針端尖銳，粗細可依布的厚度和繡線的粗細來選擇（針的號數越小，針越粗；號數越大，針越細）。

- 25號繡線顏色豐富易取得，它由6條棉線捻合，可依照想要的圖案粗細一條條拉出抽取所需條數，避免纏繞打結（25號繡線一束長度約8公尺；5號刺繡線較粗，一束的長度約25公尺）。

- 刺繡框可將布繃緊，方便刺繡。可依所繡的布大小來選擇適用的繡框。

平針繡

沿著圖案以相同針距反覆出針和入針。

1. 由1出針；2入針；3再出針。
2. 依相同的方式，用平均的針距一入一出即可。

回針繡

每縫一針就返回上一次出針處。

1. 由1出針，接著退後1針的距離在2入針，再往前2個針距的位置3出針
2. 從3出針後再退回4入針（和1相同處），再往前2個針距的位置5出針，重覆以上作法即可。

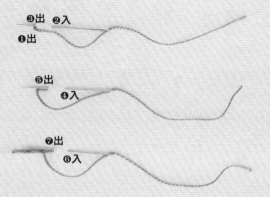

輪廓繡

以線條表現圖案的輪廓，不管是直線或弧線都能漂亮的呈現。

1. 從1出針，在2入針，再從3出針。
2. 從4入針，再從5出針（和2相同處）。
3. 重覆以上作法，由6入針，再從7出針（和4相同處）即可。

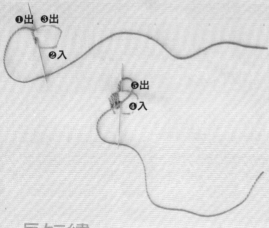

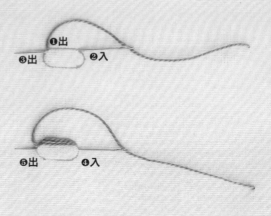

長短繡

以一條直線的針法，由針距的長短來作變化。

1. 如圖用一針長一針短交替重覆繡。
2. 直到填滿圖案即可。

緞面繡

以一條直線的針法平行並排填滿圖面。

1. 從1出針，2入針，緊貼著1出針的點旁3出針。
2. 緊貼著2入針點旁4入針，像平行線並排緊靠著3出針點由5出針。反覆繡出所需圖面即可。

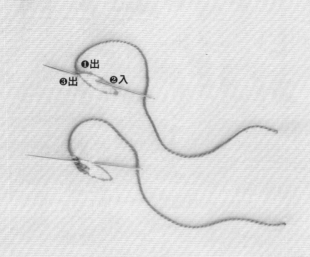

自由繡

以並排線條填滿圖案，像彩色筆著色的筆跡效果。

1. 從1出針，2入針再由3出針
2. 可以隨意用一條直線的針法直到整個圖案填滿

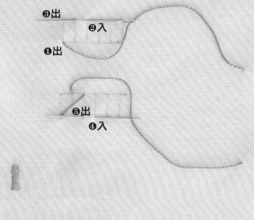

千鳥繡

上下交錯地挑取布料進行橫向刺繡。

1. 從1出針，穿入2再從3出針。
2. 從4入針穿入5出針，重覆以上作法即可。

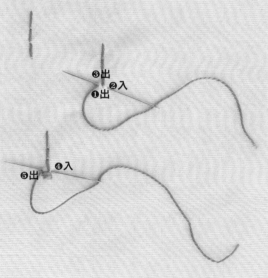

繞線繡

繡出的線條像繩子一樣隆起，需縫得密集些。

1. 先用回針縫繡出一直線。
2. 從1出針，由2入針後斜到3出針（3要緊貼著1出針）。
3. 重覆作法2；從4入針後斜到5出針（5要緊貼著3出針），繞著直線繡完即可。

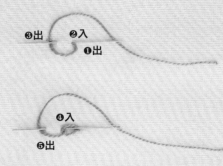

鎖鏈繡

像鎖鏈一樣，一圈一圈相連的刺繡圖樣。

1. 從1出針，2入針（和1相同處），再從3出針，將線繞在3出針的下方，然後將針從線的上方拉出來。
2. 重覆以上的作法即可；從4入針（和3相同處），5出針（注意一定要將線繞在針的下方，然後將針從線的上方拉出來）。

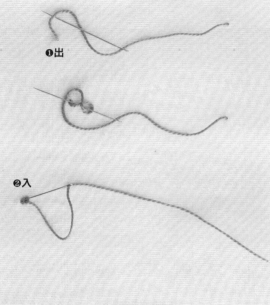

8字結粒繡

用線在針末繞一個8字形來完成。

1. 1入針，將針放在線的右下方
2. 如圖將線繞向針頭的左下方，形成一個8字型。
3. 將針刺向1出針的同一位置，把線尾拉緊，針往下拉出即可。

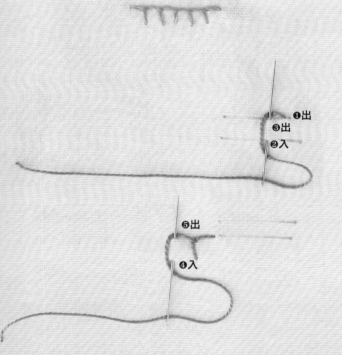

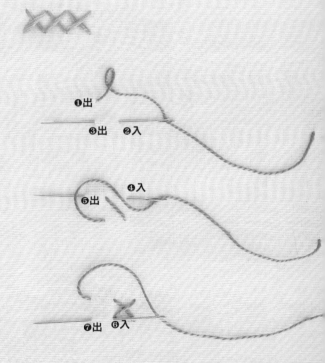

毛邊繡

又名開放式鈕眼繡。

1. 從1出針，2入針，從3出針，跨在1和2的線要壓在3出的針下方。
2. 從4入針，5出針，跨在3和4的線要壓在5出的針下方，重覆以上的作法即可。

十字繡

線要往同一個方向交叉，不斷的重覆來繡圖。

1. 從1出針，2入針，再從3出針。
2. 從4入針再從5出針。
3. 從6入針（和3同一個位置），從7出針；一直重覆以上作法即可。

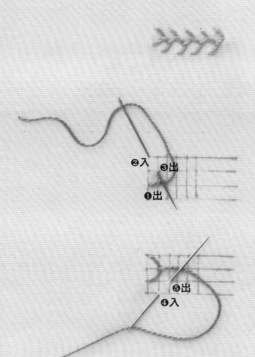

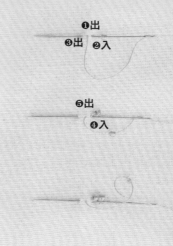

羽毛繡

形狀像羽毛的針法。

1. 從1出針，2入針，1、2之間拉出的線要壓在3出針處下方。
2. 拔出針後從4入針，跨在3和4之間的線要壓在5出的針處下方；重覆以上作法即可。

串珠繡

運用回針繡，一顆顆縫上珠子，可縫得較緊密。

1. 從1出針後串入一顆小珠，再從2入針，3出針（注意不要讓線放鬆，要緊貼著珠子的寬幅入針）。
2. 接著串入一顆小珠，再從4入針（4和1是相同位置），從5出針。
3. 重覆以上作法即可。

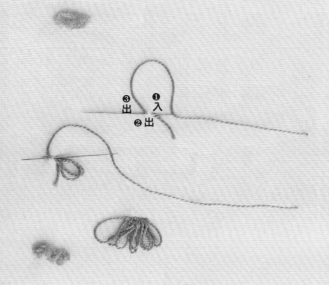

絨毛繡

利用繡出的線環加工，做出軟綿絨效果。常運用在動物尾巴或花朵上。

1. 留一小段線尾，從布正面1入針，2出針，再回到1入針後3出針（注意：從2到1時要留一小段線圈，再回到1入針時，記得要刺過之前的線）。
2. 重覆作法1的方式一直繡滿需要的圖。
3. 繡好後用小剪刀修剪成相同的高度。
4. 剪好後可用牙刷把繡線刷開，再一次用剪刀修剪成所需的樣子即可。

裁布剩下的碎布先別丟！以下教你三種簡單的運用方式，讓你把碎布變成可愛的裝飾品。

布包鈕

學會布包鈕，你就能做出獨一無二的鈕子囉。

工具：零碼布、塑膠裸鈕

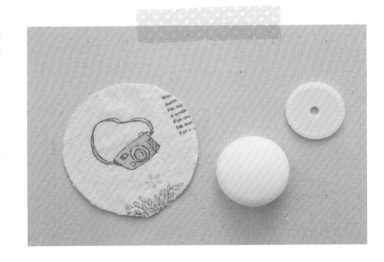

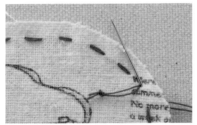
HOW TO MAKE

1. 從圓布邊正面入針，以平針縫縮縫一圈（每針約0.3cm～0.4cm），最後一針回到第一針的地方出針。

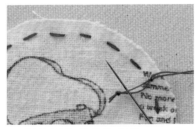

2. 把針穿過2條線的中間。

3. 將包鈕放在布的中間後並拉緊。

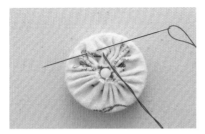

4. 從皺褶處上針下針地繞一圈後把線拉緊，布面較不會產生皺摺。

5. 裝上背蓋壓緊。

6. 完成布包鈕如圖示。

POINT

• 包鈕的布面大小約比塑膠包鈕的圓直徑大約1/2左右，這樣縮縫包起後才比較不會繃不緊或穿幫。

• 布面也不能過大，否則背蓋會壓不緊。

布YOYO－市售型板

使用市售型板好處是：能方便又快速地完成大小一樣的布YOYO。型板有大、小尺寸差異，可依需求選購。

工具：YOYO型板、零碼布

HOW TO MAKE

1. 以型板稍大的布放在兩片型板間，對好記號夾緊順著邊緣將布修圓。

2. 依圖示把布壓在針下的方式入針。

3. 再從旁邊的記號出針。

4. 重複作法2～3縫完一圈，將布從型板取下。

5. 把線拉緊後打結即完成布YOYO。

布YOYO－自製型板

布YOYO板型的0元自製法很簡單，只要備妥一張紙、紙板或膠板，畫出圓型裁剪就能拿來做布YOYO囉。

工具：紙圓片、零碼布

HOW TO MAKE

1. 將自製紙圓片加上0.5㎝縫份裁剪零碼布，如圖示將縫份向內折燙。

2. 取出布料沿著布邊以平針縮縫一圈（每針針距約0.3㎝～0.4㎝）。

3. 最後一針回到第一針的地方並穿過2線中間。

4. 把線拉緊後打結。

5. 自製型板做出的布YOYO完成。

POINT
● 自製型板做布YOYO的時候，要注意縮縫時的針距要一致，這樣拉起縮縫線後，布YOYO的皺褶才會平均又好看。

布摺花

市售摺花型板非常多樣化,其實操作的
方式只要按著板型上的數字入針,就
能縫出好看的布花樣。這裡用最常見的
摺花板來示範摺花版的運用變化。

工具:幸運草摺花板、零碼布

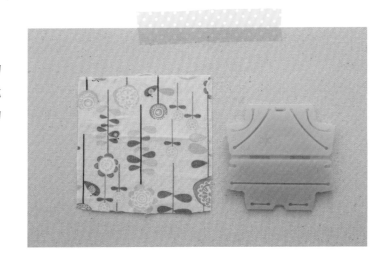

HOW TO MAKE

1. 準備一片比型板大的布,對摺
成三角形後放入型板內。

2. 沿著型板邊緣,留約0.5cm把布
邊修齊。

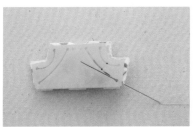

3. 如圖中位置出針後,照著型板上
的數字依序縫紉。

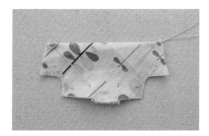

4. 縫好後打開型板,如圖示。

5. 將線拉緊,即做好一個摺花。

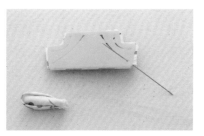

6. 線不剪斷,再重覆作法1~5做下
一個摺花。

7. 連續做好6個摺花當花瓣拉緊縫
起,再加上包釦當花蕊即可。

自己做布標

綜合Part3所教授的眾多技法，轉個彎用點心思，
你也能利用織帶或素布，創造自己喜歡的手作
布標，縫在你的手作包喔！

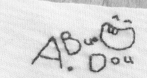
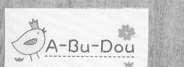

Part 4

最想擁有的
超人氣包款×10

囊括手作包技法的綜合運用，附上10款超人氣布
包實作，結合物超所值的原寸紙型無私大公開！

E 海洋風水桶包

橢圓底袋身加上雞眼打洞的束口設計，
還教你自製束口繩的擋片與裝飾片～

【成品尺寸】→28×↓25cm／D15.5cm
HOW TO MAKE p.132

H 兩用斜背相機包

以防震專用襯做出可拆式的內袋隔間，
就算不帶相機出門，也能背著心愛的手
作包趴趴GO！

【成品尺寸】→27×↓20cm／D10cm
HOW TO MAKE p.142

超收納媽媽包

包含多種收納口袋設計的媽媽包，無論是奶瓶、奶嘴、尿布…，任何小物都能在這裡整齊擺放。

【成品尺寸】→38×↓28cm／D12cm

HOW TO MAKE p.138

B 斬型手提包

畫好的版型變化無限！其實，只要把袋口裁點造型，結合打褶和袋底褶角的車縫，又是一款不一樣的包囉～

【成品尺寸】→40×↓28cm／D8cm

HOW TO MAKE p.124

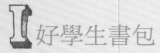

I 好學生書包

使用硬挺的帆布製作書包，加入多種口袋
隔間，還有肩背帶的環釦車縫運用喔！

【成品尺寸】→35×↓25cm／D10cm
HOW TO MAKE p.146

J 企鵝束口後背包

以簡單的袋型結合可愛的造型設計！
其實，最簡單的包款加點小變化，成品
質感就會大大提升！

【成品尺寸】→30×↓30cm／D8cm
HOW TO MAKE p.150

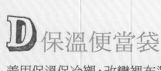保溫便當袋

善用保溫保冷襯，改變裡布選擇，你的束口袋就能擁有人人稱羨的保溫／保冷效果了。

【成品尺寸】→31×↓20cm／D12cm

HOW TO MAKE p.129

A 飯糰購物袋

用防水布製作隨身購物袋吧！
結合拉鍊設計出摺疊式飯糰購物袋，
可愛又實用！

【成品尺寸】→37×↓50cm

HOW TO MAKE p.122

F 波士頓旅行袋

背著你的手作包旅行去吧！
自己打出喜歡的版型，加入個人化的收納袋設計，這次的旅
程一定會更順利！

【成品尺寸】→42×↓24cm／D13cm

HOW TO MAKE p.135

C 雙面ㄇ型口金包

結合口金的手作包，加入掛耳布後，兩
面都能勾上喜歡提袋，隨你想肩背或手
提都OK！

【成品尺寸】→25×↓18cm／D14cm

HOW TO MAKE p.126

A 飯糰購物袋

[裁布尺寸]　　　✂：附紙型
[表布]
主體A-點點防水布　✂→40cm×↓60cm×2片
主體B-素麻布　　　✂→18cm×↓10cm×2片
主體C-黑色素布　　→5.5cm×↓4.5cm×2片
紙襯　　　　　　　→5.5cm×↓4.5cm×2片
包邊布D-點點防水布　╲2cm×60cm×2片
包邊布E-點點防水布　╲2cm×90cm×1片
[其他配件]
開口拉鍊　　　　　13cm×1

HOW TO MAKE

1.素麻布以回針縫繡上眼睛。

5.取一側的開口拉鍊和素麻布正面相對，車縫一直線。

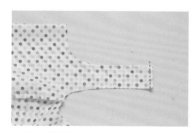

9.分別將同一表布上方提把正面相對，車縫一直線。

2.黑色素布和紙襯正面相對，車縫ㄇ字型如圖示，留返口。

3.剪牙口後翻至正面。

4.將紙襯面正對素麻布固定，以對針縫或藏針縫在素麻布上。

6.翻至正面並車縫固定於主體表布上，如圖示。

7.重複作法1～6完成拉鍊的另一端，並車縫固定於另一主體表布上。

8.將主體表布正面相對車縫，如圖示。

10.將提把縫份倒向兩邊，車壓裝飾線固定。

11.取包邊布D對折，包住提把外側圈圈布邊後車縫（★完成兩外側圈圈包邊）。

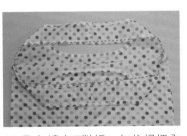

12.取包邊布E對折，包住提把內側大圈圈車縫即完成。

1. 主體A、B燙上厚布襯;取主體B,依P56打角方式,將兩片表布主體B從背面依紙型車縫褶角。

B斬型手提包

[裁布尺寸]　　　　　✂∵附紙型

[表布]

主體A-素麻布　　　　✂→44×↓12cm×2片

厚布襯A　　　　　　　✂→42.5×↓10.5cm×2片

主體B-貓咪印花布　　✂→44×↓22cm×2片

厚布襯B　　　　　　　✂→42.5×↓20.5cm×2片

[裡布]

素麻布　　　　　　　　✂→44×↓29cm×2片

[口袋]

貼式口袋-素麻布　　　→24×↓24cm×1片

[其他配件]

包釦3cm×2、磁釦18mm×1、蕾絲44cm×2、織帶A-56cm×2、織帶B-142cm×1

5. 將貼式口袋依P68作法車縫在裡布上。

9. 將織帶B從側邊開始,如圖示對折車縫一圈。

2.把主體表布A和主體表布B正面相對，車縫後翻至正面。

3.於表布接合處固定蕾絲，車縫裝飾線。

4.依P55抓皺方式，依紙型將主體表布A上片打褶車縫。

6.依紙型將裡布上下共4個褶子車縫完成。

7.將裡布依P55（C-2）組合方式，分別將表、裡布袋身組合完成。

8.裡布袋身與表布袋身背面相對固定後，將織帶A對折，如圖示車縫於袋口。

10.於兩側袋面上安裝磁釦。

11.再用包釦裝飾磁釦即完成。

C 雙面ㄇ型口金包

[裁布尺寸]

[表布]

主體-綠色斜條紋布　→31×↓23.5cm×2片（左右下方剪掉7cm方塊）

厚布襯　→29.5××↓22cm×2片

[裡布]

主體A-素麻布　→31×↓11.5cm×2片

薄布襯A　→29.5×↓10cm×2片

主體B-格紋布　→31×↓13.5cm×2片（左右下方剪掉7cm方塊）

薄布襯B　→29.5×↓12cm×2片

[其他]

口布A-綠色斜紋　→31×↓3.5cm×2片

口布B-素麻布　→31×↓4cm×2片

掛耳布C-綠色斜紋　→3×↓4.5cm×2片

掛耳布D-素麻布　→3×↓4.5cm×2片

掛耳布E-素麻布　→5.5×↓5cm×2片

[其他配件]

外徑18cmㄇ型口金×1、9mmD型環×4、15mmD型環×2、蕾絲蝴蝶結×1

HOW TO MAKE

口布製作

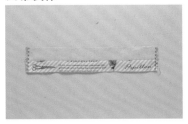

1.口布A、B正面相對車縫一側燙開縫份，翻至正面在左右短邊作簡易拷克。

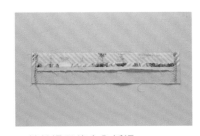

2.縫份燙開後向內折燙1cm。

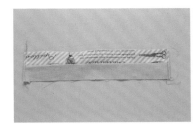

3.車縫短邊兩側裝飾線。

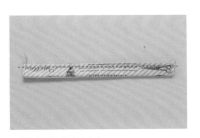

4.對折後車縫固定。

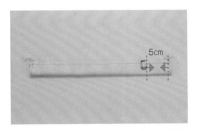

5.掛耳布C和D以P63提把四折法車出四條掛耳，套入9mm D型環並固定於同花色口布上。

袋身組合

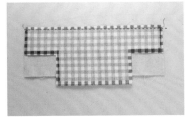

6.將裡布燙好薄布襯，A、B正面相對後如圖車縫。

7.翻至正面車壓裝飾線，並於裡布上手繡出圖案。

8.掛耳布E以P63提把四折法車縫，套入15mmD型環並固定於裡布兩側；依P44（A-3）組合方式車縫裡布，於底部留一返口。

9.表布燙好厚布襯，依P44（A-3）組合方式將兩片表布組合完成。

10. 將作法5完成的口布固定於表布上（同花色面相對）。

11. 依P44（A-3）組合方式，將表布和裡布正面相對，車縫上方一圈。

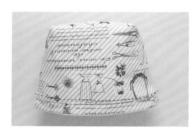

12. 翻至正面車壓裝飾線。

13. 取一組外徑18cm的ㄇ型口金。

14. 將口金分別穿入口布中。

15. 以螺絲旋轉固定兩側口金。

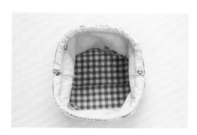

16. 將裡布返口以對針縫或藏針縫縫合即完成。

17. 可將蝴蝶結蕾絲手縫固定於表布上，或縫上別針成活動式裝飾品。

Ⅾ 保溫便當袋

[裁布尺寸]
[表布]

主體A-紅色格紋	→32.5×↓17cm×2片
薄布襯A	→31×↓14cm×2片
主體B-粉紅素布	→32.5×↓25.5cm×1片
薄布襯B	→31×↓24cm×1片
口布-粉紅素布	→31×↓13cm×2片

[裡布]

保溫保冷襯	→32.5×↓48cm×1片

[其他配件]
皮提把59cm×2、棉繩70cm×2、皮標×1

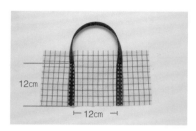

1. 將皮提把車縫固定於表布A上方，如圖示。

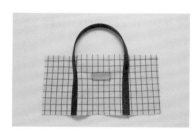

2. 將皮標手縫固定於任一片表布A上方。

3. 將表布A與表布B正面相對，如圖示車縫。

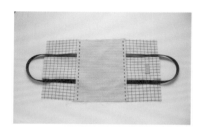

4. 翻至正面如圖示車壓裝飾線。

5. 依P42（A-2）組合表布（以布塊邊界為山谷線）並於側邊留返口。

6. 將口布兩短邊車縫拷克。

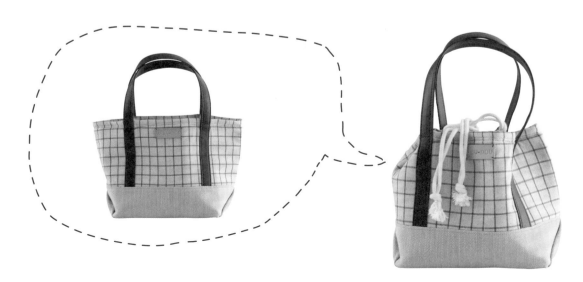

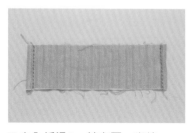

7. 向內折燙1cm並車壓一直線。

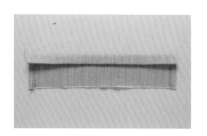

8. 如圖將口布以1.5cm三折。

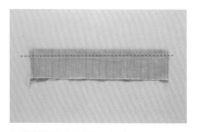

9. 翻至正面車壓一直線。

10. 將完成的口布固定於表布上方。

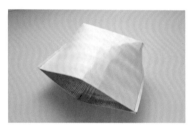

11. 依P42（A-2）組合方式將保溫保冷襯組合完成。

12. 將表、裡布袋身正面相對，袋口車縫一圈。

13. 從返口翻回正面，於袋口車壓裝飾線。

14. 取一條棉繩穿入口布繞一圈拉出打結；第二條則在另一側拉出打結。

15. 最後把返口以對針縫或藏針縫縫合即完成。

E 海洋風水桶包

1.將主體表布燙上厚布襯後，正面相對如圖示車縫一直線。

[裁布尺寸] ✂：附紙型

[表布]:
主體-深藍海洋風條紋布 ✂←→50×↓30cm×2片
厚布襯 ✂←→48×↓28cm×2片
底部-深藍色皮料布 ✂←→26×↓18cm×1片
厚布襯 ✂←→24×↓16cm×1片
包邊布-深藍色皮料布 →93.5×↓10cm×1片
掛耳布-深藍色皮料布 →7.5×↓25cm×2片
束口繩-深藍色皮料布 →65×↓3.5cm×2片
擋片-深藍色皮料布 →8×↓5cm×2片
裝飾片-點點條紋布 →4.5×↓5.5cm×8片

[裡布]
主體-海洋風棉布 ✂←→50×↓30cm×2片
薄布襯 ✂←→48×↓28cm×2片
底-海洋風棉布 ✂←→26×↓18cm×1片
薄布襯 ✂←→24×↓16cm×1片

[其他配件]
雞眼釦17mm×12、2cmD型環×2、120cm單肩背帶、棉花少許

5.同作法3以主體表布的車合線為中心，將另一掛耳布車縫固定主體表布上。

9.取包邊布對折如圖示車縫。

2.將掛耳布兩邊向中心折燙後，如圖示套入D型環，內折3㎝燙平。

3.以主體表布的車合線為中心，將掛耳布車縫固定主體表布上。

4.同作法1將主體表布正面相對如圖車縫另一直線。

6.依P52（B-2）袋身組合方式，完成表布袋身組合，並將表布袋身翻回正面。

7.依P52（B-2）袋身組合方式，完成裡布袋身組合。

8.把裡布袋身和表布袋身背面相對套入，疏縫固定上方一圈。

10.如圖示將包邊布正面相對套入表布，往下拉約2.5㎝，距離布邊0.5㎝車縫一圈。

11.如圖示將包邊布往內折燙。

12.再包住布邊並以強力夾固定一圈車縫。

13. 依紙型上的記號安裝雞眼。

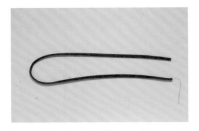

14. 將束口繩布料依P63提把四折法車縫完成。

15. 如圖先穿入一條束口繩。

16. 再如圖穿入另一條束口繩。

17. 將擋片布料兩端向內折燙1cm。

18. 再如圖示對折並重疊1cm並車縫固定，即可將擋片隔出套口。

19. 把擋片套入束口繩。

20. 將裝飾片正面相對，如圖示車縫一圈並於上方預留返口。

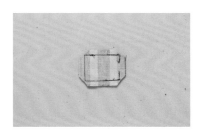

21. 把四角剪芽口。

22. 翻至正面後塞入少許棉花。

23. 將束口繩套入裝飾片，返口內折後車縫一直線即完成。

F 波士頓旅行袋

[裁布尺寸]　　　　✂：附紙型

[表布]

主體上-英文棉麻布　✂→44×↓24cm×2片

主體上厚布襯　　　✂→42×↓22cm×2片

主體底布-綠色8號帆布　→42.5×↓18.5cm×1片

側片上-英文棉麻布　✂→60×↓8cm×2片

側片上厚布襯　　　✂→58×↓6cm×2片

側片下-綠色8號帆布　✂→16×↓18cm×2片

前口袋表布-綠色8號帆布　→17×↓14.5cm×1片

前口袋裡布-素麻　　→17×↓14.5cm×1片

掛耳布-英文字棉麻布　→9.5×↓6.5cm×2片

[裡布]

主體上-大點點帆布　✂→44×↓24cm×2片

主體下-大點點帆布　→42.5×↓18.5cm×1片

側片上-素麻布　　　✂→60×↓8cm×2片

側片下-大點點帆布　✂→16×↓18cm×2片

[其他配件]

25mmD型環×2、皮提把2.5cm×98cm×2、11吋拉鍊×2

HOW TO MAKE

【前口袋】

1. 將前口袋表、裡布正面相對，如圖示車縫。

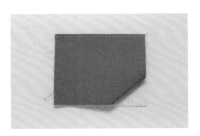

2. 翻至正面後車壓裝飾線。

中心點

3. 把前口袋固定於表布主體上。

4.將提把如圖示車縫固定於表布主體上。

5.並將另一提把如圖車縫固定於表布主體上。

6.將表布主體上與表布底布正面相對，如圖示車縫固定。

7.翻至正面車壓裝飾線。

8.同作法6～7完成另一表布主體與底布的縫合。

9.兩條拉鍊與表布主體側片（上）正面相對，如圖示車縫。

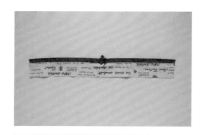

10.翻至正面後車壓裝飾線。

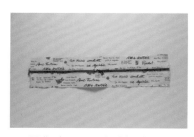

11.同作法9～10完成拉鍊的另一邊。

12.將掛耳布以P63提把四折法車縫完成，套入D型環並固定於表布側片（下）。

13. 將表布側片(上)及表布側片(下)正面相對，如圖示車縫直線。

14. 翻至正面車壓裝飾線。

15. 以珠針將表布側片(下)中心點固定於表布底片中心點，固定整個表布側片與主體後車縫一圈。

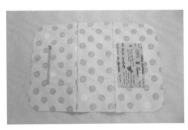

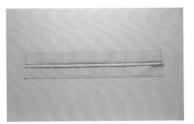

16. 重複作法15，完成整個表布袋身車縫。

17. 同作法6～8完成裡布主體縫合。

18. 將裡布側片(上)向內折燙1㎝。

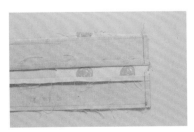

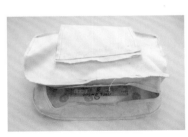

19. 把裡布側片（上）與裡布側片(下)車縫固定。

20. 同作法14～15完成裡布袋身。

21. 將表裡布袋身背對背固定，以對針縫或藏針縫縫合即完成。

G 超收納媽媽包

[裁布尺寸]　　　　　✂：附紙型
[表布]

主體表布-9號土黃石蠟帆布：　→40×↓32cm×2片

側邊表布-9號土黃石蠟帆布　→13.5×↓32cm×2片

底布-9號土黃石蠟帆布　→40×↓13.5cm×1片

側口袋表布-9號土黃石蠟帆布　→18×↓17cm×2片

側口袋裡布-咖啡點點布　→18×↓19cm×2片

前口袋表布-9號土黃石蠟帆布　→20×↓16cm×2片

前口袋裡布-咖啡點點布　→20×↓18cm×3片

前口袋包邊布-咖啡點點布　→3.5×↓22cm×1片

袋蓋表布-9號土黃石蠟帆布　✂→12×↓7cm×1片

袋蓋裡布-咖啡點點布　✂→12×↓7cm×1片

[裡布]

主體裡布-咖啡點點　→40×↓27cm×2片

薄布襯　→38.5×↓25.5cm×2片

側邊裡布-咖啡點點　→13.5×↓27×2片

薄布襯　→12×↓25.5cm×2片

底布-9號土黃石蠟帆布　→40×↓13.5cm×1片

薄布襯　→38.5×↓12cm×1片

拉鍊口袋-咖啡點點　→13.5×↓31.5cm×1片

鬆緊口袋-咖啡點點　→25×↓31.5cm×1片

口布拉鍊-咖啡點點　→36×↓7cm×4片

薄布襯　→34.5×↓5.5cm×4片

[其他配件]

17吋拉鍊×1、7吋拉鍊×1、6吋拉鍊×1、3.8mm
口型環×2、25mm包釦×2、織帶A-26cm×2、織
帶B-95cm×2、12cm鬆緊帶×1

HOW TO MAKE

【前口袋】

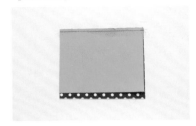

1. 分別將兩片前口袋表、裡布正面相對，車縫一直線。

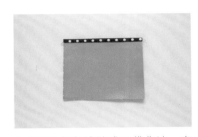

2. 依P70假包邊貼式口袋作法，完成前口袋。

3. 其中一片前口袋，可用奇異襯燙上喜歡的圖案布，再以手繡上邊緣裝飾線。

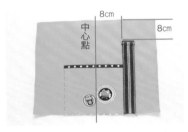

4. 將前口袋固定於表布主體上；織帶A套上口型環向內車折2cm固定口型環，再固定在表布上如圖示。

5. 織帶B穿過口型環向內車折2cm，固定於主體另一邊。

6. 將前口袋包邊布依P63提把四折法燙折，包住7吋拉鍊車縫。

7. 另一片前口袋車縫於7吋拉鍊的另一邊。

8. 重複作法4～5，將前口袋和織帶提把固定車縫於表布主體，如圖示。

【側邊口袋】

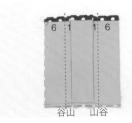

9. 依P70假包邊貼式口袋作法，完成側口袋表、裡布車縫，並燙出山谷線。

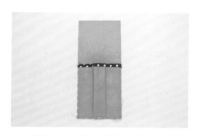

10.將完成的側口袋固定於表布主體側邊。

11.將袋蓋表、裡布正面相對如圖車縫。

12.翻至正面車壓裝飾線。

13.將袋蓋與主體側片正面相對如圖,距側口袋約1.5cm並車縫0.5cm。

14.翻至正面距0.7cm車縫一直線。

【裡布鬆緊／拉鍊口袋】

15.將鬆緊口袋布依P72鬆緊口袋作法完成,並車縫固定於側邊裡布上。

16.將拉鍊口袋布對折車縫於6吋拉鍊的一邊。

17.將6吋拉鍊另一邊與側邊裡布正面相對,如圖車縫固定。

18.翻至正面車縫固定。

【口布拉鍊及組合】

19.將口布拉鍊布依P76口布拉鍊作法製作完成。

20.將表布以P50（A-5）組合方式車縫，完成表布袋身如圖示。

21.口布拉鍊與表布袋身正面相對，疏縫固定。

22.裡布袋身同表布袋身組合方式車縫，並於任一邊預留返口。

23.將表布袋身和裡布袋身正面相對，車縫袋口完成袋身組合。

24.從返口翻回正面，以對針縫或藏針縫縫合返口、在拉鍊尾端縫上包釦；袋口車壓裝飾線。

25.側邊口袋蓋釘上四合釦即完成。

H 兩用斜背相機包

[裁布尺寸]　　　　　✂：附紙型

[表布]

主體前片-紅色點點	✂→30×↓21cm×1片
厚布襯	✂→28×↓19cm×1片
主體後片-紅色8號帆布	✂→30×↓21cm×1片
側片-紅色8號帆布	✂→62×↓13cm×1片
側片擋布-紅色8號帆布	→10×↓6cm×2片
掛耳布-紅色8號帆布	→5.5×↓6cm×2片
前口袋表布-紅色8號帆布	✂→30×↓18cm×1片
前口袋裡布-紅色點點布	✂→30×↓18cm×1片
包繩布-咖啡色皮料	2.5×65cm×2片
上蓋用滾邊條-咖啡色皮料	3×70cm×1片
表布上蓋-娃娃印花布	✂→27×↓19cm×1片
鋪棉	✂→27×↓19cm×1片
裡布上蓋-紅色點點	✂→27×↓19cm×1片

[裡布]

主體上-紅色8號帆布	✂→27×↓7cm×2片
主體下-紅色點點布	✂→30×↓18cm×2片
薄布襯	✂→28×↓16cm×2片
側片-紅色點點布	✂→62×↓13cm×1
薄布襯	✂→60×↓11cm×1片

[防震袋]

防震專用襯-主體	✂→26×↓17cm×2片
防震專用襯-側片	✂→58×↓10cm×1片
防震專用襯-隔間	→9×↓13cm×2片
側片-紅色點點	✂→28×↓19cm×2片
主體-紅色點點	✂→60×↓11cm×4片
隔間-紅色點點	→17×↓15cm×2片

[其他配件]

1.5mm口型環×2、皮包扣×1、120cm單肩背帶×1、3mm黑管65cm×2、毛面魔鬼氈16cm×4、沾面魔鬼氈13cm×2

HOW TO MAKE

【上蓋】

1.將上蓋的表、裡布背面對背面疏縫固定。

2.取滾邊條，依P82滾邊作法完成上蓋滾邊。

【前口袋】

3.將前口袋表、裡布正面相對，車縫上方並修剪牙口。

4.翻至正面後車壓裝飾線。

5.疏縫固定於主體前片上。

【表布出芽】

6.將包繩布疏縫固定於主體前片。

7.將包繩布疏縫固定於主體後片。

【掛耳及側邊擋片製作】

8.將掛耳用布和側邊擋片兩邊向中心折燙。

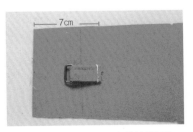

9.掛耳用布加入口型環後對折，如圖示疏縫固定於主體側片。

143

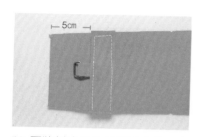

10.再將側邊擋片如圖示車縫固定於主體側片上。

11.主體側片的兩端皆製作完成掛耳。

【組合】

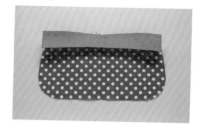

12.將裡布上片和裡布下片正面相對，車縫固定。

13.依P58（C-4）組合方式，完成裡布袋身組合，於底部留一返口。

14.依P58（C-4）組合方式，完成表布袋身組合。

15.袋蓋正面與主體後片正面相對，車縫固定。

16.翻至正面後車縫固定。

17.依P58（C-4）組合方式將袋身組合完成。

【活動式防震袋】

18.將防震袋-側片布正面相對，如圖示車縫並留一返口。

19. 由返口翻至正面，放入防震專用襯-側片，並將返口以對針縫或藏針縫縫合。

20. 取防震袋-主體布正面相對，如圖示車縫並留一返口。

21. 由返口翻至正面，放入防震專用襯-主體，將返口以對針縫或藏針縫縫合。

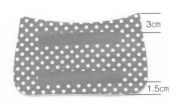

22. 將魔鬼沾毛面如圖示車縫固定於主體正面上。

23. 將主體和側片以對針縫或藏針縫縫合。

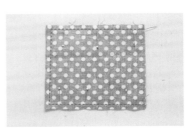

24. 將防震袋-隔間布正面相對，如圖示車縫。

25. 翻至正面後取沾面魔鬼沾，如圖示車縫固定於-隔間布正面。

26. 再放入防震專用襯-隔間

27. 將布邊向內折燙。再沾面魔鬼沾車縫固定即完成。

I 好學生書包

[裁布尺寸]	✂：附紙型	揹袋用布-紅色9號帆布	→13.5×↓150cm×1片
[表布]		[裡布]	
主體-紅色9號帆布	→36.5×↓31.5cm×2片	主體-大點點布	→36.5×↓22cm×2片
側片-紅色9號帆布	→11.5×↓31.5cm×2片	薄布襯	→35×↓20.5cm×2片
底-紅色9號帆布	→36.5×↓11.5cm×1片	側片-大點點布	→11.5×↓22cm×2片
袋蓋-紅色9號帆布	✂→38×↓27cm×1片	薄布襯	→10×↓20.5cm×2片
前口袋-紅色9號帆布	→28×↓14.5cm×1片	底-大點點布	→36.5×↓11.5cm×1片
前口袋上蓋-紅色9號帆布	✂→24×↓8cm×1片	薄布襯	→35×↓10cm×1片
側邊口袋A-紅色9號帆布	→16×↓17cm×1片	袋蓋-大點點布	✂→38×↓27cm×1片
側邊口袋B-紅色9號帆布	→16×↓13cm×1片	拉鍊口袋-大點點布	→23×↓30cm×1片
側邊口袋B上蓋-紅色9號帆布	✂→9.5×↓8cm×1片	薄布襯	→22×↓29cm×1片
掛耳布-紅色9號帆布	→7×↓6cm2片	[其他配件]	
側邊檔布-紅色9號帆布	→5.5×↓11.5cm×2片	3.8cm口型環×2、3.8cm日型環×1、皮包扣×2、7吋	
前口袋上蓋滾邊條-紅色格子布	↘3.5×40cm×1片	拉鍊×1	
側邊滾邊條-紅色格子布	↘3.5×16cm×2片		
前口袋滾邊條-紅色格子布	↘3.5×28cm×1片		
側邊上蓋滾邊條-紅色格子布	↘3.5×30cm×1片		

1.將袋蓋表、裡布正面相對，如圖示車縫。

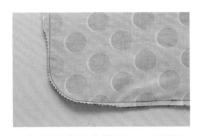

2.在弧形邊緣修剪牙口，再翻至正面。

14cm

3.依P74拉鏈口袋作法，於一主體表布上完成拉鏈口袋。

7.5cm
0.5cm

4.作法1袋蓋和主體表布正面相對，如圖示車縫。

6cm

5.翻至正面後車壓一直線固定。

6.取前口袋上蓋滾邊條，依P82滾邊作法完成滾邊。

7.取側邊口袋滾邊條，依P82滾邊作法完成側邊口袋A、B滾邊。

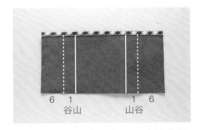

6 1   1 6
谷山   山谷

8.取前口袋滾邊，依P82滾邊作法完成前口袋滾邊，並如圖燙出山谷線。

9.取側邊上蓋滾邊條，依P82滾邊作法完成側邊上蓋滾邊。

10.將前口袋左右兩邊向內折燙0.5cm。

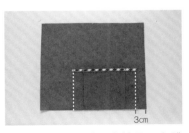

3cm

11.把作法10車縫固定於另一主體表布上，如圖示。

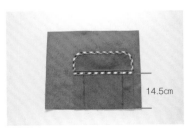

14.5cm

12.把上蓋車縫於口袋上方，如圖示。

13. 翻至正面，車壓一直線固定。

14. 車縫上魔術印布布標（作法見P101）。

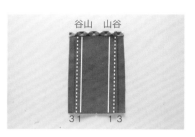

谷山　山谷

3 1　　1 3

15. 取側邊口袋A如圖示燙出山谷線，並於山線車壓一直線。

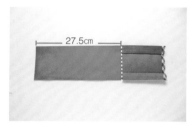

27.5cm

16. 側邊口袋A與主體側片正面相對，如圖示車縫一直線。

17. 翻至正面後再車壓一直線。

谷山　山谷

3 1　　1 3

18. 將側邊口袋B如圖示燙出山谷線，並將山線車壓一直線。

27.5cm

19. 側邊口袋B與主體側片正面相對，如圖示車縫一直線。

20. 於距布邊0.5㎝一谷一山的折燙。

21. 疏縫固定兩側邊。

【可調式揹帶】

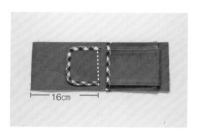

16cm

22. 將側邊上蓋車縫於主體側片上，如圖示。

23. 翻至正面後車壓一直線固定。

24. 將掛耳布和側邊擋片布的兩端向中心點折燙，並車縫兩邊。

25. 將掛耳布套入口型環後對折。

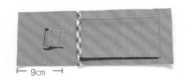

← 9cm →

26. 將掛耳布疏縫固定於主體側片上。

← 10.5cm →

27. 將側邊擋片布車縫固定於主體側片上。

28. 取揹帶用布依P63提把四折法完成揹帶,將一端布邊套入日型環,留2cm空隙後三折車縫固定。

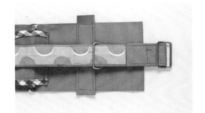

29. 如圖套入一個口型環。

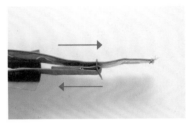

30. 將另一端布邊套回日型環。

31. 如圖再套入日型環的另一邊。

32. 再套入另一主體側片的口型環。

33. 套入後留2cm空隙,三折並車縫固定。

【袋身組合】

34. 依P50(A-5)組合方式,分別將表、裡布袋身組合,翻至正面。

35. 將表布袋身向內折燙4.5cm後,依P50(A-5)組合方式完成。

J企鵝束口後背包

[裁布尺寸]	✂：附紙型
[表布]	
主體上-淡藍色素布	→32.5×↓22cm×2片
厚布襯	✂→31×↓16.5cm×2片
主體下-咖啡格子布	→32.5×↓34.5cm×1片
厚布襯	✂→31×↓33cm×1片
上蓋-黑色素布	→24×↓20cm×2片
頭髮布-黑色素布	✂→27×↓12cm×1片
奇異襯	✂→27×↓12cm×1片
小手-黃色素布	✂→6×↓11cm×4片
小腳-黃色素布	✂→7×↓10cm×4片
嘴巴-黃色素布	✂→12×↓8cm×2片
領結A-紅色帆布	→8.5×↓11.5cm×1片
領結B-紅色點點布	→3.5×↓6cm×1片
揹帶擋布-淡藍色素布	→21×↓5cm×1片
厚布襯	✂→19×↓3cm×1片
織帶A	2.5×18cm×1條
織帶B	2.5×7cm×2條
織帶C	2.5×72cm×2條
[裡布]	
主體-小碎花布	→32.5×↓67.5cm×1片
[其他配件]	

25mm口型環×2、25mm日型環×2、13mm黑色壓釦
×2、9mm黑色壓釦×3、棉繩72cm×2、棉花少許

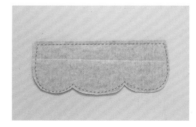

HOW TO MAKE

【頭髮】

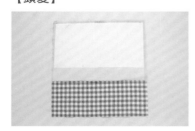

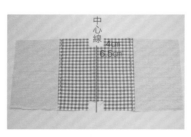

1.表布主體上和表布主體下正面
相對，如圖示車縫一直線。

2.翻至正面車壓裝飾線並修剪底
角。

3.將頭髮布和奇異襯正面相對，
車縫一圈。

4. 於圓弧處修剪牙口，再由奇異襯中間剪開。

5. 翻回正面。

6. 左右置中，由上向下6cm，以對針縫或藏針縫固定於素布上片。

【小手及小腳】

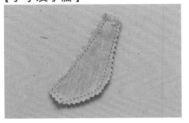
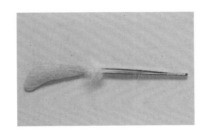

7. 將小手表、裡布正面相對，如圖示車縫並修剪牙口。

8. 翻至正面後塞入少許棉花。

9. 同作法7～8，完成小手和小腳。

【上蓋】

10. 把兩隻小手疏縫固定於表布下片。

11. 上蓋表、裡布正面相對，如圖車縫。

12. 翻至正面後車壓裝飾線。

【揹帶】

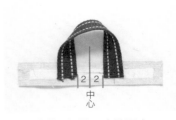

13. 左右置中，由上向下7cm，如圖車縫固定。

14. 擋布上下左右向內折燙1cm。

15. 將織帶A如圖示疏縫固定。

16.將織帶B套入口型環後三折。

17.如圖示車縫固定於表布上片。

18.將織帶C如圖套入日型環,再三折車縫固定。

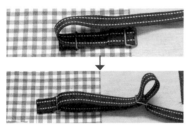

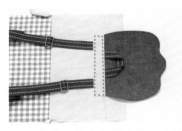

19.如上圖套入口型環;再如下圖套入日製環;依序完成二邊揹帶。

20.把作法19穿好的揹帶,如圖示固定於表布上片。

21.取作法15擋布如圖車縫固定於表布上片。

【組合】

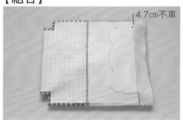

22.依P44(A-3)組合方式完成表布組合,並如圖標示上方4.7㎝不車縫。

23.將縫份導向二邊,4.7㎝不車縫處,車縫處直線固定。

24.依P44(A-3)組合方式,完成裡布袋身組合,並於任一邊預留返口。

【可調式揹帶】

25.依P44(A-3)組合方式,完成表、裡布袋身組合,並以返口翻至正面。

26.如圖示將袋口向內折2㎝,並車縫一圈。

27.穿入束口棉繩並打結。

28. 將嘴巴布如圖示向內折燙0.7cm。

29. 將嘴巴布正面相對如圖示車縫。

30. 左右為中心點，如圖塞入少許棉花，再以對針縫或藏針縫縫合於表布上。

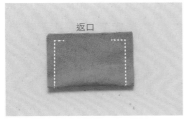

返口

31. 將領結A紅色帆布對折如圖示車縫。

32. 翻至正面後返口以對針縫或藏針縫縫合。

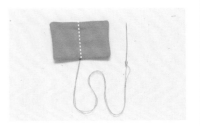

33. 於中心點以平針縫縮縫固定。

34. 取領結B點點布，依P63提把四折作法折燙並車縫固定。

35. 將領結A如圖示以領結B包起，將頭尾手縫固定。

36. 把領結固定於表布上。

37. 將已完成的小腳以對針縫或藏針縫縫合於表布上。

38. 於表布上以13mm黑色塑膠壓扣作為眼睛。

39. 蝴蝶結下方用9mm壓扣裝飾；裡布返口以對針縫或藏針縫縫合即完成。

附錄
手縫技巧&
縫紉機使用詳解

本書所有作品除機縫外，手縫也能完成！這裡一次
完整收錄平針縫、回針縫、毛邊縫…等手縫常用
針法；此外，也列出縫紉機常用壓布腳的使用與差
異，還有常見問題的解答喔。

A常用手縫技巧

使用手縫雖然耗時費力,但是有些小物件或者局部縫合,仍須以手縫完成!所以,不論你有沒有縫紉機,手縫針法的學習都是不能省略的喔!

【手縫針】怎麼選?

手縫專用針有粗細和長度差異。針的粗細可以依照布料的厚薄度來選擇適合的手縫針(布料厚則針越粗為佳);針的長短則可依個人使用習慣來選擇。

【手縫線】怎麼挑?

手縫使用的線和車線不同,手縫線一般較粗,又可依粗細和材質分為許多種類,每一種線都會有數字號碼來代表粗細。例如:圖中#50就是50(番)號線,手縫線的(番)號越大代表線越粗,越小代表越細。

手縫線

壓縫線

手縫線材質則依所要的需求來選擇,壓縫線的線上有上膠,線較不會起毛,除了當手縫線之外也最常被拿來作壓線縫,而另一款手縫線是最好取得,但是線較粗也較會起毛。

壓縫線

手縫線

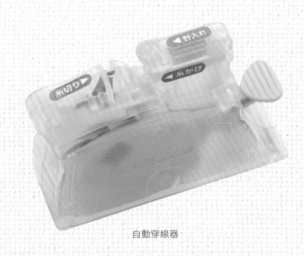

自動穿線器

穿線片

如何快速穿線？

細小的針孔總是讓許多人眼花地舉手投降，其實只要利用簡單的小道具，穿線也可以快速又簡單喔！以下就以常用的穿線片和自動穿線器來示範快速的穿線法。

使用【自動穿線器】

1. 將針孔朝下直放入穿線器的洞口裡，再將手縫線放在溝槽裡。

2. 如圖按下。

3. 將針輕輕拿起即可拉出手縫線。

使用【穿線片】

1. 如圖將穿線片一端的細線圈穿過針孔。

2. 如圖將線放入線圈裡。

3. 將穿線片拉出即完成。

常見的釦子縫法

縫釦子除在手作包中會用到之外，也是日常生活中很常用到的縫紉技巧，這裡示範了常用的雙孔釦縫法，還有布包釦和塑膠磁釦的縫紉示範，一網打盡釦子的縫紉技法。

【雙孔釦】

雙孔釦是最常見的鈕釦類型，有分雙孔釦和四孔釦，這裡以雙孔釦作示範。

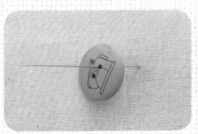

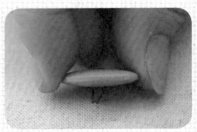

1. 先在縫鈕釦位置的中心處起針後放入釦子。

2. 再從另一個孔穿入下面的布料，記得讓釦子和布料間留約3mm的間隙。

3. 重覆以上動作幾次後，用縫線將鈕扣和布料之間的間隙纏繞3至4圈，再穿入布料背後打結即完成。

POINT

釦子和布面有點縫隙才正確！

縫紉完成後，鈕釦和布料之間會有一點點的縫隙（如圖示），這樣才方便釦子穿過釦眼。如果縫得太緊密，不但不好扣，縫線反而也容易斷。

【四孔釦】怎麼縫？

四孔釦的縫法和雙孔釦差不多，只是在穿釦子的時候要多穿幾次，一般常見的四孔釦縫法多會把四孔縫成兩條平行線或者交叉線狀，可視個人喜好穿縫。

【包釦】怎麼縫？

包釦是帶腳鈕釦的一種，此款包釦是可以用自己的喜歡的布料先行縫製，作法請見P110。

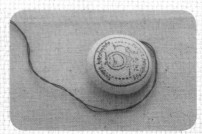

1.先在縫鈕釦位置的中心處起針後從包釦腳的小孔穿出，再從起針的位置入針，重覆以上動作幾次。

2.用縫線將包釦腳和布料之間的間隙纏繞3至4圈，再穿入布料背後打結即完成。

3.縫紉完成的包釦如圖示。

【塑膠磁釦】怎麼縫？

如果作品已經做好了，卻還想再加上磁釦怎麼辦呢？這時候此款塑膠磁釦會是很好的選擇。

1.先在縫磁釦位置的孔洞處起針後放入磁釦。

2.沿著磁釦邊穿入布料，再從同一個孔洞處出針，同一個孔洞重覆以上動作兩次後，移至下一個孔洞繼續，縫製全部孔洞完成即可。

3.縫紉完成的塑膠磁釦如圖示。

實用手縫針法

手縫的技巧不少，以下列出九種手作包較常運用到的針法，一一以圖解方式示範。

【始縫結】—用縫針打結法

1.縫線放在針的下方，呈現十字狀。

2.將較長的手縫線纏繞於針上2～3圈。

3.將繞好的線圈集中。

4.用拇指將線圈壓緊後，再將針往上抽出即完成。

【止縫結】—收尾打結

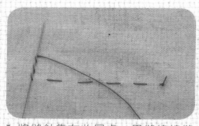 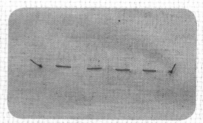

1.將縫針靠在收尾處，用縫線繞縫針2～3圈。

2.用拇指將線圈靠在收尾處，將針抽出，剪斷線即完成。

【平針縫】—又稱為運針，是最常使用的手縫方式

 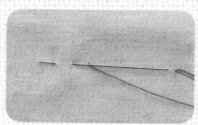 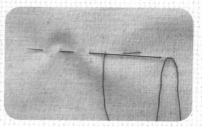

1.從布的背面起針。

2.縫針一入一出，向前推進。

3.可以一次穿2～3針後再一次抽出，會比較容易縫出直線，速度也比較快。

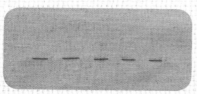

4.平針縫完成如圖示。

【全回針縫】—使用回針縫
縫出的作品會比平針縫牢固

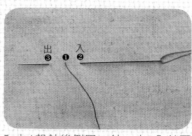

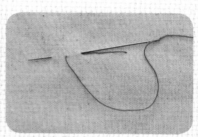

1.由1起針後倒回一針，由2入針再
往前兩針的針距由3出針。

2.重覆上一個動作直到作品完成。

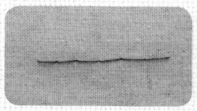

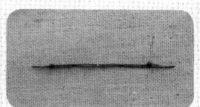

3.全回針縫正面完成圖。

全回針縫背面完成圖。

【半回針縫】—與全回針的
作法相同，只是倒回的針距
是半針

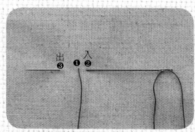

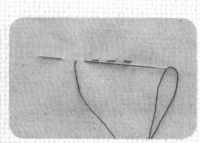

1.由1起針後倒回半針，由2入針再
往前一針半的針距由3出針。

2.重覆上一個動作直到作品完成。

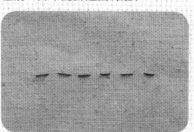

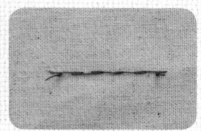

3.半回針縫正面完成圖。

半回針縫背面完成圖。

【對針縫】— 也可叫藏針縫，最常用在縫合返口

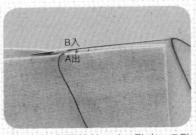 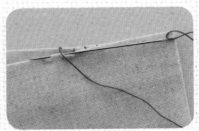

1. 從布的背面起針，由A點出、B點入針（★注意A和B要對齊）。

2. 重覆上一個動作直到作品完成。

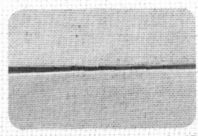 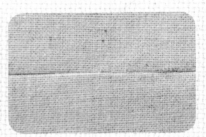

3. 完成後稍稍拉開的樣子，A和B都是相對的。

4. 把線拉緊後，就會看不到線。

【貼布縫】— 也可叫斜針縫，最常用在包邊

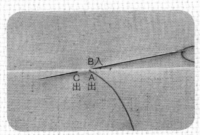 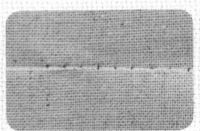

1. 由A出針的對稱位置B入針，再從斜對角C出針。

2. 重覆上一個動作直到作品完成，完成後正面會看到一點一點的線。

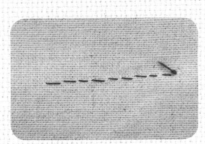

3. 貼布縫完成的背面。

【捲針縫】—最常用在密合兩片布料

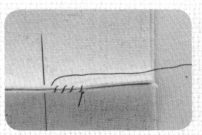

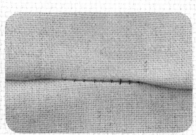

1. 由兩片布料接合的背面入針，抓住兩片布料後，縫針以垂直入針，一直重覆以上動作直到完成作品。

2. 捲針縫完成的正面。

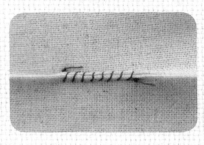

3. 捲針縫完成的背面（★針距也可以縫密一些）。

【毛邊縫】—也可叫釦眼縫，最常用在不織布的布邊上

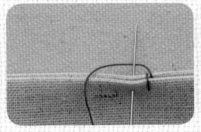

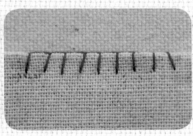

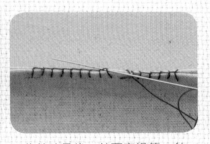

1. 毛邊縫的起針和捲針縫一樣，只是當針要穿過去布時，記得將線繞過針的下方，如圖。

2. 重覆以上的動作繞縫。

3. 收針時最後一針要穿過第一針，如圖。

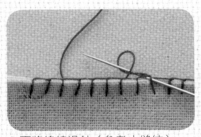

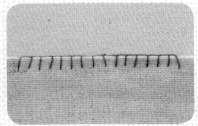

4. 再將線繞過針（參考止縫結）。

5. 完成收尾打結即可。

B縫紉機使用詳解

縫紉機機型眾多,差異大致在於穿線方式(可分為手動、半自動、全自動)和車縫花樣。由於各廠牌繞線和穿線方式大同小異,本單元縫紉機使用的重點則著重在壓布腳和常遇到的疑難雜症解決。

車針號數不同的差異

買車針的時候,有分家用縫紉機和工業用縫紉機的車針差別(工業用為圓頭;家用為半圓形頭。)。購買時號數越大,代表車針越粗。常見的有:9號(適合車薄布料)、11號(適合車普通布料)、14號(適合車厚布料);另外還有罕用的16號、18號以及彈性布專用車針可選購。

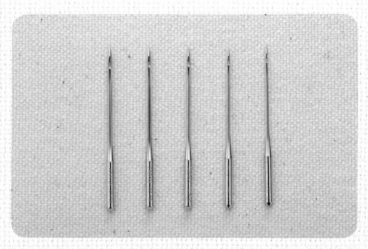

Q 為什麼會斷針?
A:1.更換某些壓布腳時,忘了調整針趾幅度,而讓車針打到壓布腳就會斷針→調至正確針位。
2.布料與針的組合不恰當,例如:布料厚卻使用細針→更換適合的車針。
3.針已變形彎曲→更換新的車針。
4.使用錯誤的梭子→更換適合的梭子。

Q 起針時會咬布?
A:如果布料薄而車針用粗針,就很容易咬布。

車縫線價位的差異

車縫線的價差主要在產地的不同,品質上各有優缺,可依照預算選購。價格低的車縫線一般來說線比較容易起棉絮,但只要多清潔縫紉機,也不影響使用。

梭子的高低差異

不同機型的縫紉機適用的梭子高度不同,購買前要先確認是使用高梭子還是低梭子。

低梭子　　　高梭子

如何更換壓布腳腳脛

  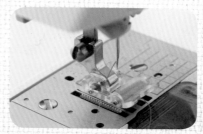

1. 按下壓布腳腳脛後方的黑色按鈕，即可取下壓布腳。

2. 可使用5塊錢(方便取得)或是一字螺絲起子放鬆壓布腳腳脛的螺絲，即可取下壓布腳腳脛。

3. 再將要換上的壓布腳(滾輪壓布腳)放上去，將螺絲鎖緊即可。

布包常用壓布腳有哪些？

車縫布包時，最常用到的壓布腳大致上可分為四大類：直線壓布腳、拉鍊壓布腳、皮革（防水布）壓布腳、特殊壓布腳。雖然你也能使用一個萬用壓布腳走天下，但是如果能學會善用各種不同的壓布腳，製作流程會更方便，成品也會更美觀。以下就分別介紹這些壓布腳的特色。

直線壓布腳

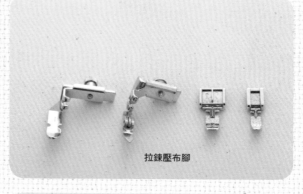

拉鍊壓布腳

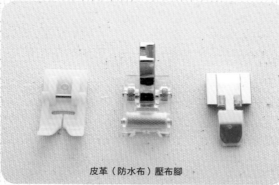

皮革（防水布）壓布腳

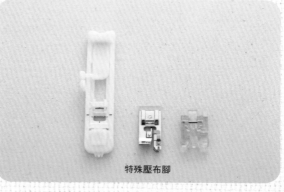

特殊壓布腳

直線壓布腳

萬用壓布腳　　　　1/4吋直線縫份壓布腳　　布邊接縫壓布腳　　　電子暗針縫壓布

萬用壓布腳
‧最常用的壓布腳，可使用車直線，也可車簡單花樣。

拉鍊壓布腳

 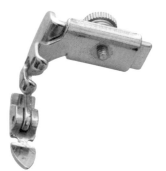  

圓頭－可調式　　　　　　尖頭－可調式　　　　　　雙邊　　　　　單邊

【單邊】拉鍊壓布腳
此款壓布腳背面的兩邊有凹槽，車拉鍊時才不會被拉鍊齒卡住，這是單邊的設計，可以方便使用。

【雙邊】拉鍊壓布腳
此款壓布腳背面的兩邊有凹槽，車拉鍊時才不會被拉鍊齒卡住，這是雙邊的設計，視情況需調整將壓布腳的腳脛釦在左側栓或是右側栓。

【可調式－尖頭】拉鍊壓布腳
此款壓布腳附有螺絲調節，可方便視情況調整壓布腳的位置，壓布腳前頭是尖頭造型。

【可調式－圓頭】拉鍊壓布腳
此款壓布腳附有螺絲調節，可方便視情況調整壓布腳的位置，壓布腳前頭是圓頭造型。

1/4吋直線縫份壓布腳
· 適用於縫份的對齊車縫。
· 讓布邊對齊壓布腳導引板邊緣，即可車縫出 6.5mm的縫份。
· 使用此款壓布腳時，僅能選用直線中針位花樣。

布邊接縫壓布腳
· 除了可用於快速接縫兩片布料，也可用在布邊快速車縫裝飾線或蕾絲。
· 只需對齊壓布腳中間的導引板，即可輕鬆車縫裝飾線或蕾絲。

電子暗針縫壓布腳
· 壓布腳的導引板有調節鈕，可讓導引板調至想要的寬度。

皮革&防水布壓布腳

專用型　　　　　滾輪型　　　　　自製型

專用型
適用於車縫皮革或防水布...等平滑較不易車縫的材質。底部的特殊材質貼片，可讓壓布腳車縫時，不會受到阻礙。

滾輪型
· 適用於車縫平滑布料如皮革、防水布、尼龍布、天鵝絨等布料。
· 因有滾輪裝置所以可減少壓布腳壓痕，讓皮革及防水布表面更完美。

自製型
當沒有皮革壓布腳時，可利用一般壓布腳來改造。只要將隱形膠帶貼在壓布腳背面後，再將多餘部分剪去即可。

開釦眼   簡易拷克   包繩

【開釦眼】壓布腳
可一次完成開釦眼的動作。

1.先將需開釦眼的地方做記號。

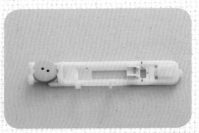

2.將釦子放到開釦眼專用壓布腳上，調整夾緊釦子。

3.再把壓布腳裝上縫紉車。

4.選擇開釦眼的花樣。

5.將布上的記號線對準壓布腳的記號線。

6.開始車縫到完成，如圖示。

7.用拆線器從中間割開，注意不要割到線即可。

【簡易拷克】壓布腳

當布料很容易鬚邊或包包不想加裡布就可以使用簡易拷克壓布腳來車布邊。

1.換上簡易拷克壓布腳後，選取布　**2.**將布料放好開始車縫。
邊縫的花樣。

3.完成的簡易拷克，如圖示。

【包繩】壓布腳

壓布腳背面中間有凹槽的設計，車縫包繩會很便利。

1.將繩子放在布條的中間後對摺再　**2.**繩子的位置剛好會卡在壓布腳的
放在壓布腳下。　　　　　　　　　凹槽裡。

3.將針位調好車縫完成即可。

縫紉機保養

縫紉機要定期清潔，避免車線或灰塵卡在機器內，久了對機器都會有所損傷。

清理表面

請用中性的清潔劑用水稀釋後，將柔軟布浸溼扭乾，然後擦拭縫紉機表面，清洗完畢後再用柔軟乾布擦乾，也可以使用方便取得的水性乳臘來擦拭。

清理梭床

縫紉機使用過一陣子後，梭殼會聚積棉屑，如果棉屑聚積過多會影響縫紉動作，所以必須定期清潔梭床。

1. 一定要關閉縫紉機電源，再將電源線拔離縫紉機右側的電源插座。

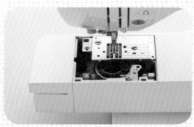

2. 取下零件盒，再取下塑膠針板蓋。

3. 取出梭殼。

4. 可以看見梭床裡有很多的棉屑。

5. 先使用小刷子來清除棉屑。

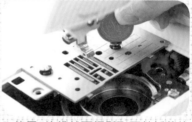

6. 使用5塊錢就可輕鬆取下針板蓋的螺絲。

7. 針板蓋取下後，送布齒也要清潔。

8. 用小刷子清理完後，可再用不要的棉布塊來擦拭。

9. 梭床清理乾淨後，可用針車油和金屬防鏽油來保養梭床。

10. 梭殼也使用小刷子來作清理。

11. 清理完後就可放回梭床，將針板蓋蓋回即可

使用縫紉機常見的疑難雜症

使用縫紉車會遇到的問題千奇百怪，這裡整理了一些常見疑問與對應的解決方式，使用縫紉機前先翻閱一次吧！

Q 捲梭子時，將線繞壞了怎麼辦？

A 可用錐子將線慢慢挑出。也可用拆線器慢慢切斷挑出。

Q 下線梭子捲壞了該怎麼處理？

A 將捲壞的梭子放在上線的位置，線繞在正確的位置捲到另一個梭子即可。

Q 為什麼梭子會捲壞？

A 捲下線的穿線順序，請參考縫紉機上的虛線指示穿線，重點是在捲底線張力架的位置（見圖示），若沒將線繞進去卡緊就會將梭子的線捲壞，因此一定要確認從線輪到梭子之間的線是要拉緊的。

Q 為什麼梭子車線繞不滿？

A 這個問題比較常發生在老舊縫紉機上，最常發生的原因是捲線裝置鬆了，這時候可以試著以螺絲起子鎖緊。

Q 如果梭子放錯方向會怎樣？

A 可能導致斷線或是線張力不正確。

Q 如果在該使用高梭的縫紉機換成低梭會怎樣呢？

A 可能線的張力會不正確或損壞縫紉機。

Q 直線車怎麼都車不直？

A 你可以試著這樣做：

1. 在車縫時，除了布邊要對著壓布腳邊之外，眼睛要注意看布邊是否有一直對著壓布腳邊，而不是看著針的位置。
2. 也可以使用輔助工具，如圖示，使用的是壓線導縫器來讓布邊對齊。
3. 如圖示使用1/4吋直線縫份壓布腳（附導引板），也是好用的壓布腳之一，只要將布邊對齊導引板即可以輕鬆車出直線。
4. 如圖示使用電子暗針縫壓布腳，在車縫裝飾線時也是好用壓布腳之一，只要將布邊對齊導引板即可以輕鬆車出直線。

❶　　　❷　　　❸　　　❹

Q 車好的針距，為何針距有大有小？

A

A為正確針距。

B針距變大、很不規則。多半是在使用錐子時去推到布（見圖A），所以讓針距變大。

C針距變小，很不規則，多是在使用錐子時太用力拉到布（見圖B），所以讓針距變小。

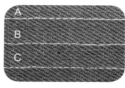  

Q 為什麼會跳針，如何處理？

A 可能的原因其實很多，依照常見的狀況條列如下：

1. 上線沒有穿好→★重新照著步驟穿好上線。
2. 車針殘膠→★水溶性雙面膠有不同品牌，有的品牌之水溶性雙面膠會附著於車針上造成殘膠，可更換新的車針或以酒精或去漬油清除殘膠，當然日後也要避免使用一般雙面膠或會殘膠之水溶性雙面膠。
3. 車針沒有正確安裝→★請重新正確安裝車針，查看是否歪掉或鈍掉：更換新的車針。
4. 車縫彈性布料→★建議更換使用特殊專用車針，即可改善。

Q 縫紉車有自動穿線功能，但為什麼無法使用？

A 可能的原因其實很多，依照常見的狀況條列如下：

1. 上線未依步驟正確操作→★依照正確步驟重新穿繞上線。
2. 針位未至最上方的位置→★按針位上、下調整鈕兩次，讓針位重新升到頂點。或者手動調整針位至最上方即可。
3. 車針並未正確安裝→★請重新安裝車針。

繡花樣時該注意什麼？
Ⓐ

A－完整成功地繡出花樣。

B－花樣不完整。→★試車時在花樣繡一半時停止，然後又沒有重新設定，就會發生的狀況。

C－不規則的花樣。→★是在車縫時有去推拉到布料，才會有不規則的花樣產生。

正確的車花樣方式如下：

作法

1.先找出要繡的花樣，然後照圖示更換壓布腳。

2.先用不要的碎布塊試車花樣，再來看情況調整位置或是其他部分。

3.試車完後，要記得先將縫紉車重新開機，再重新設定剛剛選取的花樣，才可以車在作品上。

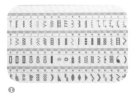  

 為什麼會浮線？

Ⓐ 可能的原因其實很多，依照常見的狀況條列如下：

1.上線未依步驟正確操作→★依照正確步驟重新穿繞上線。

2.穿上線時未將壓布腳抬起來→★上線並未進入上線張力盤（在機器的內部）的位置，造成上線沒有張力的狀況，依照正確步驟重新穿繞上線。

3.上線張力太鬆或太緊→★先將上線張力調整鈕調整至設定之標準值後試車直線一小段，再慢慢調整上線張力至適當的針趾即可。

4.底線捲線不正確→★底線沒捲好使得線的張力不正確，須重新正確的捲好底線。

5.使用不正確的梭子→★使用錯誤的梭子，將會造成車縫時不穩定的狀況產生，如果車縫順利是運氣好，運氣不好則會浮線或絞線。

縫紉車本身的自動穿線器壞了怎麼辦？

Ⓐ 解決的方式如下：

1.可使用穿線片一端的細線圈從車針後方穿過車針孔，可用手指輔助。

2.將車線放入穿線片的細線圈裡。

3.將穿線片往回拉出車針孔即完成。

不藏私の手作包技法大全

版型超圖解1000張
製作撇步大公開

作者	黃思靜
特別協力	阿布豆工作室－簡晏慈、林美綺
總編輯	張淑貞
主編	許貝羚
責任編輯	張淳盈
特約攝影	王正毅
特約美編	瑞比特設計·楊意雯
行銷企劃	黃昱禎

發行人	何飛鵬
社長	許彩雪
出版	城邦文化事業股份有限公司 麥浩斯出版
E-mail	cs@myhomelife.com.tw
地址	104台北市中山區民生東路二段141號8樓
購書專線	0800-020-299
發行	英屬蓋曼群島商家庭傳媒股份有限公司城邦分公司
地址	104台北市中山區民生東路二段141號2樓
讀者服務專線	0800-020-299 (09:30AM~12:00 AM；01:30PM~05:00PM)
讀者服務傳真	02-2517-0999
讀者服務信箱	E-mail：csc@cite.com.tw
劃撥帳號	1983-3516
戶名	英屬蓋曼群島商家庭傳媒股份有限公司城邦分公司
香港發行	城邦(香港)出版集團有限公司
地址	香港灣駱克道193號東超商業中心1樓
電話	852-2508-6231
傳真	852-2578-9337

馬新發行	城邦(馬新)出版集團 Cite (M) Sdn Bhd
地址	41, Jalan Radin Anum, Bandar Baru Sri Petaling,57000 Kuala Lumpur, Malaysia.
電話	603-90578822
傳真	603-90576622

製版印刷	凱林彩印股份有限公司
總經銷	高見文化行銷股份有限公司
電話	02-26689005
傳真	02-26686220

版次	初版三刷 2012年8月
定價	NT380元　港幣HK$127

Printed in Taiwan

國家圖書館出版品預行編目(CIP)資料

不藏私の手作包技法大全：版型超圖解
1000張，製作撇步大公開／黃思靜作. -- 初
版. -- 臺北市：麥浩斯出版：家庭傳媒城邦
分公司發行, 2012.06
　面；　公分
ISBN 978-986-6086-92-2(平裝)

1.手提袋 2.手工藝

426.7　　　101005696

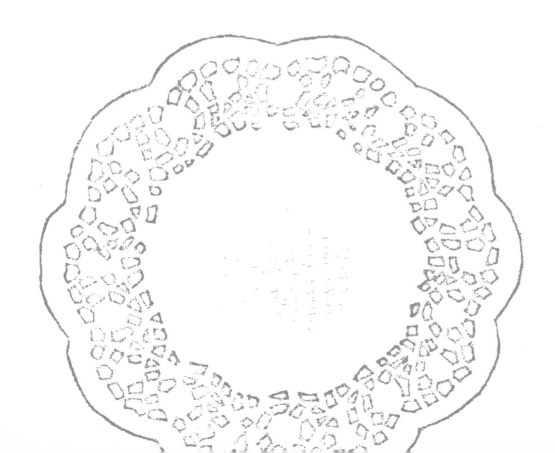

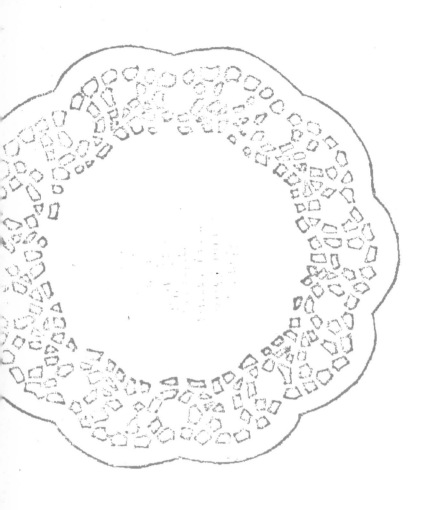

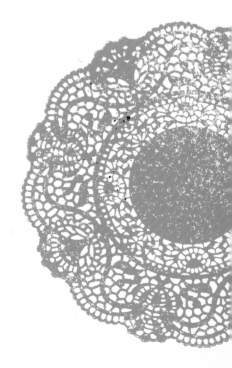